实践 融合 创新
——湿地博物馆专业委员会
2015年学术研讨会论文集

中国自然科学博物馆协会湿地博物馆专业委员会 编

图书在版编目(CIP)数据

实践　融合　创新：湿地博物馆专业委员会2015年学术研讨会论文集／中国自然科学博物馆协会湿地博物馆专业委员会编．—杭州：浙江工商大学出版社，2015.9

ISBN 978-7-5178-1308-8

Ⅰ．①实…　Ⅱ．①中…　Ⅲ．①沼泽化地－博物馆－中国－2015－学术会议－文集　Ⅳ．①P942.078－28

中国版本图书馆CIP数据核字(2015)第221407号

实践　融合　创新

——湿地博物馆专业委员会2015年学术研讨会论文集

中国自然科学博物馆协会湿地博物馆专业委员会 编

责任编辑　余宇炜　何小玲
责任校对　沈敏丽
封面设计　包建辉
责任印制　包建辉
出版发行　浙江工商大学出版社
（杭州市教工路198号　邮政编码310012）
（E-mail：zjgsupress@163.com）
（网址：http://www.zjgsupress.com）
电话：0571－88904980，88831806（传真）
排　　版　杭州朝曦图文设计有限公司
印　　刷　杭州五象印务有限公司
开　　本　710mm×1000mm　1/16
印　　张　11.75
字　　数　192千
版 印 次　2015年9月第1版　2015年9月第1次印刷
书　　号　ISBN 978-7-5178-1308-8
定　　价　40.00元

浙江工商大学出版社营销部邮购电话　0571-88904970

序

陈博君

2015 年，中国自然科学博物馆协会湿地博物馆专业委员会第五次全体大会即将在杭州召开。此次会议是继杭州西溪湿地、北京野鸭湖湿地、宁夏沙湖湿地、安徽宁国湿地、甘肃张掖黑河湿地之后，湿地同行们的再次相聚。重新回到最初的起点，这可谓意义非凡。

中国自然科学博物馆协会湿地博物馆专业委员会自 2011 年 9 月成立以来，一直致力于加强湿地博物馆间的联系，学术交流是其中一个重要的组成部分。此次会议呈现的 23 篇论文，围绕在博物馆致力于社会可持续发展的主题下，从湿地博物馆与社会的可持续发展、湿地博物馆在科普宣传教育中的作用、湿地博物馆科教活动的创新之举以及多种展览展示手段在湿地博物馆中的应用等四个方面加以阐发，有不少的真知灼见。以湿地博物馆为代表的科普宣教场馆，除了可以为广大市民提供丰富的科教资源，还能激发广大民众积极探索大自然的兴趣、培养可持续发展的意识，从而更好地为我们所生存的环境服务。

仔细阅读论文集后不难发现，这些丰富的实践与鲜活的实例，都是各成员单位以及关注湿地保护的社会各界人士在日常工作中的总结与心得。虽然作者们来自五湖四海，专注的领域也有所差异，但所有的文章都传递出一个共同的理念：那就是从实际出发，不断思索、不断总结、不断创新，为中国的湿地保护事业尽一份力量。

本论文集的出版主要是为了让大家能够在会上有更多的时间进行深入讨论，有更多的机会交流工作、增进友谊，同时为各成员单位今后的工作提供借鉴。感谢中国自然科学博物馆协会湿地博物馆专业委员会的支持，感谢为会议提供精彩论文的作者，更感谢为此书编辑出版付出辛劳的各位。希冀读者能从中获得思想的火花、经验和借鉴。

湿地博物馆，让生活更加美好！保护湿地，让我们踏实向前！

2015年8月

于中国湿地博物馆

目　录

浅析如何更好地发挥湿地博物馆在科普宣传教育中的作用

——以山东黄河三角洲国家级自然保护区黄河 湿地博物馆为例

周莉　葛海燕　杨长志

（山东黄河三角洲国家级自然保护区管理局）

【摘　要】黄河口湿地博物馆位于山东东营市东城区，隶属于山东黄河三角洲国家级自然保护区，于2005年10月1日开馆，是东营市唯一的市级综合性自然博物馆，具有收藏、展示、教育、科研等多种社会功能。本文主要分析了如何更好地发挥湿地博物馆在科普宣传教育中的作用，提出了几点具体的可行性建议和措施，对黄河口湿地博物馆以及其他地区的湿地博物馆都具有一定的借鉴意义和参考价值。

【关键词】黄河口湿地博物馆　科普宣教　建议及措施

黄河口湿地博物馆隶属于山东黄河三角洲国家级自然保护区管理局，建设宗旨为“坚持把社会效益放在首位，遵循服务青少年的宗旨和公益性原则，坚持面向青少年开展公益性活动”。其以黄河口湿地及生物多样性资源展示为主题，做到科学性、知识性、趣味性、教育性相统一，通过标本展示和声光电多媒体技术，开展丰富多彩的展览教育活动，先后被评为“山东省科普教育基地”“山东省关心下一代教育基地”“山东省五星级科普教育基地”。

一、加强湿地博物馆建设，不断夯实科普展教资源基础

（一）扎实推进博物馆新馆策划设计建设工作

为普及湿地科学知识、展示丰富多彩的湿地及生态系统功能、探索湿地的奥秘、剖析湿地面临的问题和威胁及我区建区以来在湿地保护中取得的成就，自然保护区管理避规划在东营市黄河口生态旅游区游客服务中心1号楼南部区域策划建设黄河口湿地博物馆（拟定名），建筑总面积3062m²。展馆定位：一是挖掘黄河三角洲湿地生态文明内涵，开启展示黄河与齐鲁文化新窗口。二是演绎黄河奔流入海历史人文情怀，构筑城市形象标志。三是对话世界三角洲文明，攀登文化交流研究的新高地。四是助力国家5A级旅游景区创建，打造黄河三角洲国家级自然保护区核心亮点，为提升景区品质发挥独特作用。展示主题：围绕“湿地—人—城市”的主题，演绎一个“生态文明城市”的理念。重点揭示资源、环境与人类活动的关系，倡导人与自然的和谐共处，以及社会经济的可持续发展。具体可以分为以下展示主题：主题一是湿地演化——从地质变迁和人类文明角度讲述黄河口湿地的发展历程。主题二是湿地生态——利用微景和辅助多媒体讲述河口生态、森林生态、湿地生态、草甸生态、芦苇丛生态、水域生态和海滩生态等，启发游客去保护区探索和发现。主题三是湿地探秘——运用馆内外互动结合的方式，于馆内提出问题或展示一些有趣现象，保护区内可以设置部分互动展项进行解读。馆外发现的一些疑问和现象，也在馆内予以解答。主题四是湿地生命——一方面进行动物、植物等实物标本展示；再是通过科技手段进行动植物影像展示；然后是充分利用现有的视频监控摄像头，进行实时展示。通过动与静的结合诠释湿地生命。主题五是湿地与城市——地球馈赠了这样一个独具特色的湿地，人类文明才得以在这里繁衍，城市也随之在这里诞生与发展。这可以作为一个重点展示，讲述湿地—人—城市之间的密切关系。主题六是湿地未来——展望湿地的未来发展，呼吁大家一起来保护湿地。展示内容：展示丰富多彩的湿地及生态系统功能，探索湿地的奥秘，剖析湿地面临的问题和威胁，以及政府在湿地保护中取得的成就；展示湿地之美，普及

湿地知识，倡导尊重自然、人与自然和谐发展的理念；展示博物馆馆史、荣誉、大事记等相关人文内容。该馆已聘请国内高水平专业设计团队对湿地博物馆进行策划设计，并于2015年8月完成初步策划设计工作。

（二）积极做好博物馆（现馆）提升改造工作

自然捉住区管理局近两年先后投资60多万元对博物馆（现馆）消防设施进行更新改造，全面对博物馆展厅照明灯具及线路、顶棚、墙面、部分展示设施进行维修改造，消除安全隐患，优化美化参观环境，为开展科普宣传教育活动提供场所，确保良好参观环境。

二、突出特色，打造精品科普活动

（一）充分发挥科普教育基地作用，以“湿地日”“爱鸟周”“世界博物馆日”重要节日为载体，精心组织各类科普活动

在“爱鸟周”期间，先后组织东营市胜利集输小学、春晖小学、海河小学、育才学校等九所周边学校开展了“春日雏鹰飞”等一系列科普教育活动：以“中国梦，我的梦——践梦东营行”为主题，通过参观湿地博物馆、到保护区探索湿地的奥秘等活动吸引了1万名中小学生参加，发放宣传彩页1万份。举办以“我与湿地”为主题的系列活动，即写一篇以爱鸟护鸟为题的征文、画一幅以保护野生动植物为主题的绘画、照一张湿地之美照片、办一次“我是护鸟小卫士”演讲比赛。“国际博物馆日”期间，通过重点展示珍稀濒危鸟类标本，配以自然保护区大型宣传图片，吸引了约2 300名市民前来参观。

（二）不断拓宽科普教育渠道，组织科普进社区、进农村活动

一是“爱鸟周”期间在清风湖公园联合举办以“保护野生动植物，建设鸟语花香的美丽东营”为主题的“爱鸟周”活动。组织大型湿地资源及环境保护图片及动植物标本巡展、保护区鸟类拼图比赛、湿地环境保护知识问答等活动，进行环境保护和野生动植物宣传，向广大青少年及市民宣讲保护湿地和鸟类保护的

知识，近5 000余名中小学生及周边群众参加了活动，发放宣传彩页6 000余份。二是在“6·5世界环境日”于东营“农高区”中心社区广场和市现代畜牧业示范区中心广场联合开展环境保护大型宣传活动。活动当日，适逢当地农贸大集，工作人员向社区居民和中小学师生进行了“向污染宣战”为主题的环保知识宣讲，展示了部分珍稀濒危鸟类标本和自然保护区大型展板，当地中小学的30名学生代表踊跃报名担当志愿者，活动吸引了众多市民前来参加，共有1万名社区居民、学生参加活动，发放宣传册1万份和环保手袋、环保小围裙等宣传品5 000余份。三是在“6·1”国际儿童节期间，举办“保护环境、从娃娃抓起”活动：组织东营市利津县凤凰城街道东潘村、垦利县胜坨镇孙家村两村儿童、家长及部分村民1 500名参观了垦利县文化馆和保护区湿地博物馆，使孩子及家长、村民受到了一次文化、历史、科技教育。为他们发放环保科普知识、励志教育书籍169套576本，环保科普小T恤100件。

(三)开展“暑期环境科普大课堂”实践活动

一是暑假期间，以培养观鸟兴趣，引导关注生态环境，倡导生态保护为目标，开展“暑期环境科普大课堂”实践活动，先后组织1 000余名中小学生参加了户外实践课堂活动。二是与中国林业大学、中国石油大学、北京师范大学、山东大学等十几所高校联合开展大学生暑期社会实践活动。黄河三角洲国家级自然保护区作为十几所高校科研教学基地，一直和各大高校保持密切联系，同中国石油大学(华东校区)合作的科普活动已经持续了四年。各高校师生带着自己的专业知识，走进湿地、走进博物馆，先后开展了“环志黑嘴鸥行动”“东营湿地生态调研项目”“美丽东营、和谐发展——关注东营环境保护与经济发展之间的权衡”等十几个调研课题，举办讲座8场，有1 000余名师生参加。

三、拓宽受众，创新科普教育形式

(一)利用现代媒体的广泛传播性，积极宣传湿地保护

一是在北京王府井大街步行街成功举办“黄河口·大湿地”摄影展期间，大

力宣传保护区在湿地保护、资源管理方面取得的成就。摄影展由“湿地之翼”“湿地之乡”“湿地之水”“湿地之彩”四大部分构成，从不同视角诠释了黄河入海口湿地生态的自然样貌和人文情怀，以期唤起人们热爱自然、亲近自然的热情。中国摄影报、腾讯网倾力推荐，100 余家主流及网络媒体进行广泛报道，取得了良好科普宣传效果。二是与央视网签订《节目播出业务协议书》，保护区宣传片《走进黄河口》在央视网中国林业频道《生态中国》栏目精品展播中长期挂网宣传。三是在东营广播电视台新闻综合频道《东营新闻联播》后的天气预报栏目增加自然保护区天气预报播报内容，画面可根据四季交替更换，起到了很好的宣传效果。

(二)加强新型农民学校创建，普及科普知识

以东潘社区“新天地”农民学校和孙家村夜校为平台，不断加强新型农民学校建设，坚持“交心教育、贴实培训”的办学方针，根据农民需求开班授课，以理论教学和现场教学为主，共组织培训 15 期，参加人数 580 人次，发放宣传资料 750 份，聘请专业技术人员到田间指导 23 次，群众普遍反映良好，不但普及了科普知识，而且较好地解决了群众在生产中迫切需要的技术指导。

(三)充分发挥民间组织作用，创新科普教育形式

市观鸟协会由东营新闻媒体记者和保护区科研人员于 2004 年 8 月份共同发起，2004 年 11 月 6 日正式成立，属自愿组成的专业性、非营利性、社会地方性组织。其宗旨是保护野生鸟类，关注自然生态，创造人与自然和谐共处的美好未来。我区和东营市观鸟协会共同组织了 2014 欢迎鸟儿节暨“飞翔的翅膀”青少年观鸟活动及 2015 年“爱鸟周”期间的“飞翔的翅膀”活动。活动包括发起保护鸟类倡议、联署签名、黄河三角洲湿地介绍、鸟类标本展、鸟类科普和摄影比赛图片展、鸟类知识讲座、识鸟比赛等部分，近 1 6000 名学生参加了活动，活动在学生中引起了强烈反响。

四、搭建平台，加强交流合作

（一）建设教学实习基地，加强与国内高等院校及科研机构、相关平台的联系、交流与合作

加强科学研究是保证博物馆事业健康发展的关键之一。一是与滨州学院、中科院生态中心等合作完成的国家“十一五”科技支撑重点项目“黄河三角洲湿地生态系统综合整治技术、模式与示范”顺利完成，并获山东省科技进步二等奖。二是同中国石油大学环境科学院、国家林业局湿地资源监测中心、北京林业大学自然保护区学院、安徽大学生命科学院、北京师范大学环境学院、国家林业局陆生野生动植物监测中心签署协定，建设野外监测、科研教学实地基地。同自然之友、绿家园、北京观鸟会、国家地理杂志户外俱乐部、搜狐社区、新浪网站户外活动部等建立长期合作关系，每年定期开展活动。三是积极利用自然博物馆协会等专业平台，加强同国内先进博物馆的交流学习，先后到上海自然博物馆、张掖城市湿地博物馆等单位学习博物馆建设、宣传教育等方面经验。

（二）积极开展环境素质实践活动，强化科普队伍建设

科普志愿者是科普工作的重要组成部分和主要社会力量，我们工作中一直注重科普志愿者队伍建设。一是广泛开展志愿服务活动。以“黄河口湿地保护”“文明旅游”等系列活动为依托，组织志愿者服务队先后到市实验中学及周边村庄、社区进行科普巡展宣传活动，累计参加人数达1.2万人次，其增强了社会公众爱护鸟类、保护环境的意识，起到了良好社会效应。二是组织黄河三角洲国家级自然保护区全员科普培训活动，活动的主题是“认识湿地，保护湿地”，主要开展了“四三二一”活动，即举办四次专题讲座（北师大博士授课），进行三次野外考察，组织两次技能竞赛（摄影“随手拍”和湿地知识竞赛），撰写一篇科研文章。共组织200名科普志愿者到稀有树种黄蜡育苗试验田，学习黄蜡树扦插育苗有关科普知识两次，采集植物标本267件。

黄河口湿地博物馆布展策划设计说明会

在“6·5世界环境日”期间,开展环境保护大型宣传活动(一)

“黄河口·大湿地”摄影展

举办欢迎鸟儿节暨“飞翔的翅膀”青少年观鸟活动

在“6·5世界”环境日期间，开展环境保护大型宣传活动(二)

湿地博物馆在科普宣传教育中的作用

——以野鸭湖湿地博物馆为例

闫 娟

（北京延庆野鸭湖湿地自然保护区管理处）

【摘 要】野鸭湖湿地博物馆是华北地区首座湿地博物馆，依托于北京地区面积最大的湿地——野鸭湖湿地，多年以来致力于向公众开展湿地科普教育，并取得了良好的效果。本文介绍了野鸭湖湿地博物馆的科普宣教工作情况，进行分析，并提出建议，以有助于今后更好地发挥作用，为科普事业做出更大的贡献。

【关键词】野鸭湖湿地博物馆 科普宣传 科普教育

野鸭湖湿地博物馆位于北京市面积最大的湿地——野鸭湖湿地内，于2007年建成并对公众免费开放。博物馆建筑面积3 650m^2，整体建筑俯瞰似凌空飞鸟，是华北地区首座湿地博物馆。展厅面积1 650m^2，由序厅、走进野鸭湖湿地、认识湿地、鸟类标本展厅和临时展厅组成，馆内以介绍湿地知识为主，利用图片、文字、标本、多媒体设备等向公众展示和宣传湿地知识，使参观者在“认识湿地”和“走进湿地”的过程中感受到“保护湿地”的意义。

野鸭湖湿地博物馆全景图

一、湿地博物馆对公众开展湿地科普宣教方面的作用

湿地是“地球之肾”和“生命的摇篮”，人类的生活离不开湿地，湿地也是影响环境变化的重要因素。因此，使公众认识湿地、了解湿地，进而保护湿地是野鸭湖湿地博物馆的主要目标。北京地区有很多处湿地，而位于京郊西北地区的野鸭湖湿地却是当中面积最大的湿地，是北京西部的生态屏障，保护着北京的环境。基于这个条件，野鸭湖湿地于2007年建立了华北地区首座湿地博物馆，致力于对外宣传湿地知识，让公众在参观湿地公园的同时，不仅仅欣赏了难得一见的自然风光，也能了解湿地知识，认识湿地动植物。

(一)以直观易懂的形式为公众普及湿地知识

野鸭湖湿地博物馆本着向公众传播湿地保护知识的目的，通过文字介绍、标本展示、湿地模拟展示、多媒体展示和互动的方式向公众介绍野鸭湖湿地的构成，动植物资源种类及特点，全球和中国湿地的发展及现状，以及鸟类迁徙知识等湿地科普知识。使公众一进入湿地博物馆就激发起想要认识湿地、了解湿地、走近湿地的欲望，通过参观博物馆能知道一些湿地的必要知识，进而激发起保护湿地的欲望。野鸭湖湿地博物馆避免用生硬、灌输式的形式向人们介绍湿地，让人们在轻松愉快的游览过程中获取知识。

(二)社会参与性展览与博物馆宣教相结合

野鸭湖湿地博物馆在常设展览介绍湿地知识的同时，还不定期地举办一些临时性的展览向公众宣传湿地知识。湿地博物馆专门将第四展厅作为开展临时展览的特定场所，而所设展览的形式和内容也丰富多样，多以社会参与性的展览为主。

延庆县八里庄中心小学的学生以废旧物品为原材料，自己设计制作了各式工艺品、饰品、美术作品等，种类繁多，创意非凡。野鸭湖湿地博物馆特为其开设为期三个月"环保作品展览"，一方面为学生提供一个展示的场地，另一方面向公众宣传环保的理念。普通的参观者进入博物馆会直接被这些形形色色的物品所吸引，在欣赏的过程中体会环保为生活带来的变化和乐趣。

"6·1"儿童节前夕，野鸭湖与延庆第二小学联合举办庆祝活动，特别推出"与鸟儿交朋友·和植物共成长·为湿地出点力"儿童绘画作品展览，所有作品均出自小朋友。作品描绘了儿童眼中的大自然，寄托了孩子们美好的愿望，为前来参观的大人们上了生动的一课。保护自然是需要每个人共同努力的，而孩子们的语言对于大人们来说更是非常具有冲击力和说服力的。展览一经推出，就受到了很多的赞赏，为博物馆提升了人气，增加了可观赏性。

这种直观的感受胜过很多劝阻的语言，也在最短的参观时间内向社会宣传了保护湿地的理念，同时将博物馆与社会资源相结合也增强了湿地科普宣教的深入性和广泛性。

(三)特别纪念日宣传展示

野鸭湖湿地博物馆在特殊纪念日都会举办展览和宣传展示活动，如"湿地日""世界野生动植物保护日""爱鸟周""地球日""科技周""世界环境日""北京市湿地日”“世界清洁地球日”“全国科普日”等。这样的宣传展示活动有野鸭湖湿地博物馆自行举办的，也有响应北京市的号召集体举办的，展示是配合活动开展的，湿地公园也在纪念日期间举办相应的活动让更多的参观者知道纪念日的意义和来源，从而达到宣教的目的。

二、积极开展湿地博物馆的科研监测功能

科研监测工作是湿地博物馆发展的强有力支撑，做好科研监测工作才能提升湿地博物馆的科普宣教的水平。野鸭湖湿地博物馆积极开展科研监测的工作，对湿地内的动植物、空气和水质都进行着长期的监测和研究分析。

野鸭湖有丰富的动植物资源，尤其鸟类是野鸭湖湿地的主要保护对象，因此对于鸟类数量和种类的监测就显得至关重要。野鸭湖有专门的团队负责此项工作，每天在湿地内监测鸟种和数量，并及时上报相关部门，同时研究人员还对此项监测工作做着研究和分析。

野鸭湖湿地博物馆设有专门的实验室，实验室内配有专业的实验器具，有专业的工作人员负责实验研究，目前野鸭湖的水质和空气监测已经有显著成效。水质监测：针对野鸭湖湿地内的水域进行水质监测，选取不同地区的固定位置进行长期的跟踪式的监测，并对水样进行化验分析，得出报告，在为期一年的时间段内对12个月的报告进行总体分析并根据所得的结果进行下一步的保护计划。空气监测：工作人员对野鸭湖的各区域进行空气质量监测，主要监测的指标有温度、湿度、负氧离子浓度、PM2.5、风力、风向、风速等，并对所有指标进行统计和分析。

除了野鸭湖保护区的科研人员做的长期研究之外，为了有效利用首都院校的科研教学优势，充分发挥野鸭湖保护区的科普宣教功能，不断提升湿地科研教学及科普宣教工作能力和水平，野鸭湖湿地博物馆和首都师范大学保持着长期的合作研究关系，并在野鸭湖湿地博物馆建立“北京湿地研究中心实验基地”和“北京市青少年生态教育基地”，开展湿地科研课题研究工作。先后完成了北京市教委项目——北京市生态教育基地校外科技活动、北京市重大科技项目课题——北京湿地生物多样性保护技术研究、市教委课题——科技孵化孵育——城市湿地植被构建的土壤种子库技术应用与示范、中科院3期创新方向性项

目——湿地退化的生态水文机制研究等课题,并取得了丰厚的研究成果。

三、湿地博物馆联合学校发挥校外教育的功能

(一)积极开展社会大课堂活动

野鸭湖湿地博物馆为社会提供了良好的校外学习实践场所,因其依靠野鸭湖湿地这块动植物资源极为丰富的资源地,有良好的条件开展校外教育活动。自成为北京市社会大课堂资源单位以来,野鸭湖湿地博物馆秉承利用社会资源、为学生服务的理念,积极配合社会大课堂办公室和北京市中小学开展社会大课堂工作。为了让学生真切感受到社会资源为学习带来的好处,获取到在学校中得不到的知识,看到生活中看不到的动植物资源,野鸭湖湿地博物馆为学生配有专门的讲解人员和校外老师讲授湿地知识,带领学生进入湿地观植观鸟,深入浅出地解释学生们提出的问题。

(二)针对不同年龄、不同学段的学生设计不同的课程

开展校外教育活动要多动手实践、多参与、少以传统形式的灌输,让学生们走出课堂走进社会走进大自然去主动学习和体验,以培养兴趣从而达到提升学习效果的目的。

1. 活动课题课程的研发

野鸭湖湿地博物馆根据现有资源,邀请专业教育机构和市级、县级教研中心的老师共同研发校外教育实践活动课程。根据不同的学龄段、不同的学生知识层次和兴趣点开发多种课程,以供学生和老师选择。课程分成小学低段、中段、高段,初中段和高中段全学段课程。小学段以动手制作、认识植物和鸟类、游戏学习湿地知识为主,其目的在于培养兴趣;初中段要结合现行教材,学习生物圈的构成、细胞、食物链等专业生物知识;高中段的学生可以在校外老师的指导下完成实验课程、制作动物标本和空气水质的监测等。而博物馆作为室内教育的主要场所,在学生基础知识的传授上起到了非常重要的作用。讲解员和校外老师要在短时间内为来到湿地博物馆的学生讲授湿地知识、鸟类知识、植物

知识和野鸭湖湿地的基本情况，只有了解了这些知识才能对学生们之后的学习奠定基础，而不是进入湿地之后盲目地学习和玩耍。

2.制作教学计划书和导学单

根据校外教育的课程方案所设计的课程，为了课程的有效实施，特别编写了《北京野鸭湖湿地自然保护区教学计划书》，里面包含了小学到高中全学段的教学计划课程，为开展校外教育活动提供了明确的指导。另外，还为不同的课程、不同的学段和学习要求设计了多种多样的导学单，在学生实践过程中提出学习要求，使其在自主的学习中着实学习到知识，而所有的导学单也是学生在野鸭湖的“学习档案”，学习评价系统会为学生记录下学习的效果使学生从一年级到高中所有学段的课外学习都能清楚地记录。

3.讲解员的培训

具有专业素质的讲解员是开展校外教育必不可少的配置，因而对野鸭湖湿地博物馆的讲解员进行培训就是非常重要的工作。校外教育所涉及的学生年龄从6—18岁不等，每个年龄段的学生对于知识的需求也有较大的差异，因而讲解员不仅需要具备与不同年龄学生沟通的能力，而且要对湿地知识有较强的掌握能力，馆内馆外都了解才能以科普的方式向学生传授知识。基于这个需求，我们开展了一系列的讲解员培训工作，聘请专业的形体老师为讲解员训练形体，打造专业形象。派讲解员参加各种专业知识的培训，充实知识储备。单位内部还为讲解员布置了读书学习的任务，开展了相互之间的评比活动，还进行了不定期考察的工作，领导随时向讲解员提问，考察其知识的准确性和广泛性以及在讲解过程中的表现情况。

4.教材的研发

野鸭湖湿地的动植物资源都非常丰富，和生物学科的联系非常紧密，学生无论从小学到高中都能从野鸭湖湿地找到相关联的地方。而在校外教育教材研发这个项目上主要以生物知识为主，目前开发出了学生版的教材和教师版的指导教材，还分成不同的学段。教材以图文并茂的形式展现，趣味性多于说教才让学生们读起来不会感到枯燥，上面还附有学习记录形式的页面供学生记录学习点滴。

(三)与学校联合开展野生动物保护活动

黑豹野生动物保护站常年在野鸭湖进行监测和开展保护工作,保护效果也非常显著,而黑豹也为保护区周边和社会传播了很多野保的知识,号召更多的人加入到野保的队伍中保护野生鸟类。野鸭湖湿地博物馆在开展校外活动的几年中也逐渐感受到野生动物保护事业不应该只是停留在专业的组织上,从青少年时期就培养其野生动物保护的意识是非常重要的。因此,野鸭湖湿地博物馆联合黑豹野生动物保护站与保护区附近的小丰营小学联合建立了"雏鹰野生动物保护站",黑豹站长李理和他的同事们定期来到小丰营小学指导学生们学习野保知识,野鸭湖湿地博物馆也经常为这支队伍开绿灯,随时提供指导和场地的支持。每当野鸭湖举办一些学术和交流活动的时候,也会邀请雏鹰的小学生们来与专家一起探讨野保知识,而这些学生也对这个活动非常用心,他们已经具备了很多的野保知识,并且还能够进村庄为村民宣传湿地和野保知识,是野鸭湖湿地博物馆培养出的一支有力的小宣传队。

(四)科普行活动进校园

向公众宣传科普知识是博物馆的主要职责,而直接走进博物馆接受科普知识宣传的人群只是很少的一个部分,要想更多的人群接受科普知识,那就需要以科普场馆走出去。野鸭湖湿地博物馆先后举办了"美丽妫川湿地行""环保知识进校园""生态文明教育进课堂"等一系列科普行活动,向县域内的学生和居民宣传湿地知识。

(五)举办特色校外教育活动

为了更好地发挥"科普基地"的作用,野鸭湖湿地博物馆经常举办特色校外教育活动,在玩中学习湿地动植物知识。每年6月,野鸭湖都举办不同主题的"亲子月"活动,通过一系列的亲子活动促进孩子与父母之间的感情。在今年的"亲子环境月"活动中,野鸭湖湿地博物馆以每周一个主题的形式将整个月的活动联系到一起,孩子们和家长在游园的过程中不仅感受了湿地的美丽风光还为湿地环境做出了自己的贡献。

“鸟类认养”和“湿地认领”活动是野鸭湖湿地博物馆专门设计的一项社会公益活动，公众可以认养野鸭湖湿地公园内人工繁育的二代野生鸟类和救助的鸟类，与工作人员一同培育和研究它们的习性。也可认领保护区内的湿地一块，将投入的资金积少成多用于湿地的恢复和发展。这项活动有利于公众直接参与到湿地保护的工作中来，也能增强人们保护湿地物种的意识。

四、开展多种形式的对外宣传和联络

（一）充分发挥媒体的作用，加大宣传力度

野鸭湖与当地媒体和市级以及国家级媒体都保持着长期的联络，在开展活动和湿地保护方面都充分利用媒体的能力，对外进行宣传。在北京电视台新闻频道、体育频道、中央电视台的节目中，以及延庆电视台和《北京日报》《京郊日报》《北京您早》《北京新闻》等主流媒体中都相继发布了野鸭湖的新闻和活动报道。

当今网络资源是最便捷、最经济也是最有效的资源平台，积极开发网络资源是宣传和提升知名度的非常有效的方法。野鸭湖湿地博物馆开设了微博平台，重新建立了网站，每天及时更新信息，并与一些知名度高的公众信息平台保持密切的联系，及时发布最新消息。

（二）与企业、社会团体开展社会公益活动

野鸭湖湿地博物馆先后与中国大饭店、中国农业银行北京分行、中国邮政储蓄银行北京分行、北京市徒步运动协会、丹麦大使馆联合开展保护、宣传、徒步、骑行等社会公益活动，获得了电视、电台、报纸、网络、微信微博平台的多方面关注，扩大了野鸭湖湿地博物馆的知名度和影响力。

（三）整合博物馆资源，共同举办科普活动

不同的博物馆有着不同的资源优势，野鸭湖湿地博物馆在地域及客流量方面并不占优势，直接前往野鸭湖博物馆来了解湿地知识的公众并不及县城内主

要博物馆。野鸭湖湿地博物馆联合延庆博物馆和延庆图书馆联合举办湿地知识宣传活动，工作人员现场为群众解答问题，同样，野鸭湖湿地博物馆也会单独开辟区域为其他博物馆提供知识宣传，使群众能在一家博物馆了解到其他的博物馆知识，增强知识的扩展度。

五、建议和发展

（一）增加博物馆的高科技性

野鸭湖湿地博物馆具有良好的先决条件，是开展湿地保护和宣传非常有力的场馆，但是湿地博物馆的展陈还是以传统形式为主，高科技和动手参与性的设备不够丰富。建议建立掌上湿地博物馆平台、展品三维展示形式，让参观者和学生在参展过程中感到更加具有趣味性和参与性。

（二）增强国际交流

目前野鸭湖湿地博物馆在与国际交流方面还比较少，增强国际交流，借鉴国外的先进理念有助于博物馆的持续发展。

六、结束语

野鸭湖湿地博物馆充分地发挥了其在科普宣教方面的作用，为公众和学生普及了科普知识，提升了市民对于湿地的认识并加深了湿地保护的意识。在未来发展的道路上应不断地探索和发掘更深层次的资源，发挥博物馆在科普宣教方面的作用，推进博物馆的可持续发展。

参考文献

[1] 刘雪梅.创设生态课堂　弘扬湿地文化[J].中国德育，2012(2).
[2] 俞静漪.发挥中国湿地博物馆作用　积极开展湿地科普宣教活动[J].浙江林业，2014(S1).

以博物馆为圆心，画科普宣教的大圆

李　播

（北京延庆野鸭湖湿地自然保护区管理处）

【摘　要】野鸭湖湿地博物馆建成于2007年，自建成之日起就为在保护区更好地发挥科普、环境教育的功能以及增强公众环境保护的意识等方面发挥着不可或缺的作用。本文介绍了野鸭湖湿地博物馆充分发挥自身馆藏标本、图片、文字等基础设施，"辐射"到保护区全区，利用完善的科普设施、丰富的动植物资源，开展湿地保护、环保教育、科普宣传活动。

【关键词】博物馆　环境保护　科普

1. 野鸭湖基本概况

野鸭湖湿地位于北京市西北部，是北京地区面积最大的湿地，是北京地区生物多样性最丰富的地区，是华北地区重要的鸟类栖息地，也是国际鸟类迁徙路线东亚—澳大利亚路线的中转驿站。对改善官厅水库入库水质、扩大水禽栖息地、保护与维护生物多样性、展示湿地科普宣教成果等起到积极作用，具有重要的代表性和地区性意义。经过多年的发展野鸭湖鸟类总数达到284种，国家一级保护鸟类9种，国家二级保护鸟类44种，高等植物420种，昆虫200种。如今野鸭湖湿地在"保护湿地生物多样性、展示湿地系统的结构和功能、普及湿地科学知识、开展湿地生态旅游"等方面取得了显著的成效。

2. 博物馆简介

2007年7月野鸭湖湿地建成了华北地区首座湿地博物馆，1 650m^2 的展厅内有文字介绍近2万字，图片200余张，各类动植物展示标本约200件，完整地介绍了湿地的定义、分类、功能效益等；通过标本、图片、影像及地幕投影、幻影成像等高科技互动手段向游人介绍湿地知识，展示优美的湿地风光，使游人在“认识湿地”“走进湿地”的过程中，感受到“保护湿地”的重要意义；360度环幕影院播放的由赵忠祥老师配音的《美丽的野鸭湖湿地》让人如亲临自然，带给我们的不仅是视听盛宴，还是一堂别开生面的湿地科普大餐。

野鸭湖湿地博物馆鸟瞰图

3.配套设施

保护区内规划有环湖观光道、湿地观光健走步道、科普栈道等多条游览线路，集游览、休憩、观景、观鸟等功能于一体，并建有鸟岛、湿地观景台、望湖楼、科普岛等特色景点。为广大学生及市民游客呈现了一个全方位、立体化的野鸭湖。

(1)鸟岛

在湖心亭与水上栈道交汇处开辟专门的区域，通过救治、人工繁育的方法，驯养赤麻鸭、灰雁、天鹅等珍稀鸟类，用以研究各种鸟类的生活习性、掌握救治技术，更为广大游人和学生提供了一个与珍稀鸟类近距离接触，并了解它们的机会和场所。

(2)科普岛

在中心湖区对岸科普宣教区建立科普岛——湿地百草园，这里集中了典型的各种湿地植物，在植物世界里比重并不大的湿地植物因它生长在特殊的生态系统中而凸显它独有的魅力。同时，湿地植物也因其日益上升的生态价值而被广泛关注，它们不仅是地球的过滤器、净化器，还是人类生产生活中不可或缺的朋友。这里是人们了解植物、探索植物世界奥妙的最佳场所。

(3)观鸟台

区内建立多处观鸟台(亭)，2008 年投入使用的观鸟屋建筑面积 200m^2，能同时容纳 30 人在不同的高度不同的角度进行隐蔽性观鸟，塔顶配置了高倍望远镜，使游客能够参与体验观鸟活动；2012 年建成了 24m 高的综合瞭望塔——望湖楼，有观鸟监测、瞭望观景等功能；眺山亭、观鹤台、望海坨平台等都是最佳观景、观鸟点。

(4)科普栈道

丰富的植物和生物资源，为众多鸟类提供了良好的生活环境，它们在这里筑巢、觅食、孕育后代。横架于中心湖区之上、蜿蜒在芦苇丛中的 3 000m 科普栈道是了解水生植物、观鸟的理想场所。

4. 特色活动

野鸭湖湿地博物馆作为华北地区首个湿地博物馆，自 2007 年正式对外开放以来便以“立足湿地、传播湿地知识”为宗旨开展各类科普活动，向广大青少年普及湿地保护知识，培养青少年的湿地保护理念。

野鸭湖坚持将“没有围墙的学校”作为湿地宣教、科普宣传的基本理念。丰富多彩的科普宣传活动，以湿地博物馆为中心，充分利用鸟岛、科普岛、科普栈道等室外设施，依托有意义的纪念日宣传生态环境教育。常规的活动就有“地球日”、“爱鸟日”、“爱鸟周”、“环境日”等纪念日主题活动，让参观者全方位了解湿地、认识鸟类、观察植物等，从而增强其环境意识、提高环保素养。

(1)珍禽认养

在野鸭湖湿地繁育的野生第二代鸟类和工作人员救助的受伤野鸟，经过研究人员的精心喂养已经可以与人类有不同程度的接触，众多的学生团体、家庭加入到认养活动的行列，青少年通过认养活动可以近距离接触如大天鹅、赤麻鸭、大雁等珍稀野生鸟类，学习野生鸟类知识、观察它们的生活习性，从而了解它们，和鸟类交朋友，与鸟类共同成长。

(2)生态观鸟

在博物馆鸟类展厅,参观者可具体了解鸟类知识,包括生活习性、形态特征、迁徙特点等,由专业"鸟导"带领学生团体,走进湿地亲自用手中的望远镜观察野生鸟类。让学生们在观鸟的过程中体验观鸟的乐趣,使学生由看标本认鸟,上升到观鸟,从中真正地认识鸟,并培养学生们对鸟类的兴趣和热爱,同时锻炼学生的观察能力、动手能力,并在交流观鸟体验的过程中,提高学生的表达能力和与他人分享事物的能力,体验人与自然和谐共生的境界。

(3)湿地绿色长征

这是一次磨炼意志的机会,这是一次学习鸟类知识的旅程,打造最为优秀的黄金组合。活动中环境教育解说员带领孩子们徒步穿越芦苇荡,以图片展示、实地观察、现场讲解的形式,向孩子们讲解鸟类知识,在望湖楼上以团队讨论共同回答问题的形式,检验活动中孩子们掌握的知识,评选出黄金组合。

(4)探秘百草园

湿地植物有的是牲畜的美味饲料,有的可以做工业制造原材料,有的可全草入药为人类减轻病痛,有的可为我们提供餐桌上的美食,有的是勤劳的蜜蜂的蜜源,有的可做观赏干花,有的是水生动物的栖息场所,有的是昆虫的乐园。活动将带领同学们走进湿地百草园探秘,分小组按照解说员发放的照片在科普岛上寻找指定植物,并用相机拍下来。最后又由带队解说员总结各队寻找到的植物,并向孩子们讲解各个植物相关的知识。

5. 效果分析

(1)博物馆的中心地位

走进湿地、了解湿地、认识湿地是一个过程,野鸭湖湿地博物馆就是将这个过程浓缩化、具体化,让人们在一个相对较短的时间内,通过大量文字、图片、标本对于湿地、植物、鸟类的介绍,以及专业的科普解说员的讲解,以直观又易懂的方式,让参观者了解湿地相关知识,这个也正是科普宣教工作最基础也是最重要的一个环节。

野鸭湖博物馆的位置设置在保护区入口处,且免费对公众开放,这就让参观者在进入园区之前先进入博物馆,使先了解再进入、先理论再实践得以实现。博物馆仅2014年开放的8个月时间受众就达到10万人次,我们还邀请环保、生态、鸟类等方面的专家开展科普讲座15次,也受到了听众的一致好评。组织学生环保制作、湿地绘画、湿地摄影等展览 15 次。这些都为人们了解湿地、走进湿地做了很好的预热工作。

(2)配套设施辅助互补

按照宣教展示选择的湿地类型，通过科学规划进行湿地恢复，扩大湿地面积，种植多种湿地观赏植物、引入水生昆虫和鱼类，设立各种解说牌和开辟各种参与式的活动平台，重点区域如野生动物繁殖区除必要的巡护监测救助等之外实施封闭式管理，有效保障野生动物的栖息繁殖。将湿地恢复与湿地知识普及和合理利用密切结合，吸引更多的民众走进湿地、了解湿地，进而热爱湿地、增强自觉保护湿地的意识，取得了保护恢复与合理利用的双赢。

用室外科教展示区域内的观鸟亭台、科普岛等设施，向参观者展示珍稀鸟种、植物以及湿地生态环境等，将刻板、抽象的概念具体化为实物，用更加生动的方式普及湿地保护、鸟类保护的知识。

利用现有保护和恢复较好的湿地，通过观景平台、亲水栈道和林间营地、生态游船、环保观光车、各类自行车等设备设施为游客提供深入湿地的不同路径。看水鸟在远处的草丛里筑巢，在水面嬉戏、觅食。游人置身湿地，锻炼身体、观美景、闻鸟鸣，是对身心的一次天然洗礼。行走其间便是一场鸟类天堂的畅游，一次深切感受湿地魅力之旅。

(3)各基地资源整合

积极开展科普教育活动，先后建立“全国林业科普基地”“北京市青少年环境道德教育中心”“北京市爱国主义教育基地”“北京市科普教育基地”“北京市野生动物保护基地”“北京环境教育基地”“首都生态文明宣传教育基地”等，为广大游人及青少年搭建起良好的生态科普旅游和教育平台。以积极主动的姿态，多形式、多渠道地开展科普旅游活动。充分发挥各类基地作用，提高中小学生环保意识。

野鸭湖开展科普宣传和教育活动，一贯秉承着理论联系实际、课本联系实物、讲解联系动手的宗旨，努力使抽象的概念、枯燥的理论变为参观者容易理解的形式，才能实现普及环保知识、传播环保理念、扩大环保队伍的目标。

湿地博物馆科普教育的内涵

王钰婷
（张掖湿地博物馆）

【摘 要】教育是湿地博物馆的一项重要功能，体验教育是一种重视人的体验与全面发展的教育。湿地博物馆具有开展体验教育的先决条件，本文就湿地博物馆陈列展览、互动展示项目及特色培训等方面分析了湿地博物馆科普教育的内涵。湿地博物馆开展行之有效的体验教育是实施科普教育的重要举措，也是湿地博物馆建设发展的必然要求。

【关键词】湿地博物馆　科普教育　体验教育　展品

长期以来，张掖湿地博物馆致力于科普宣传教育，组织开展了特色科普教育活动，广泛提高公众科学素质。其举办了一系列主题鲜明、形式多样的湿地科普教育活动和特色专题展览，获得了良好的社会效应和赞誉度，引起社会各界的广泛关注，年平均参观人数超过28 000人次，在湿地科普教育中发挥了重要作用。

一、发挥湿地博物馆的功能作用

张掖湿地博物馆具有收藏、陈列、科研、教育等多种社会功能，包括室外水生植物繁育收集区、野生动物标本观赏区、室外景观展示区和观鸟塔等服务设施，室内设印象张掖厅、多彩张掖厅、人文张掖厅、湿地生命的摇篮厅、生态张掖厅、大美张掖等功能区，是实施科教兴国战略、可持续发展战略和提高群众科学文化素养的基础科普设施，是进行爱国教育和科普教育的重要基地。2013 年 8 月 8 日，其被中国科学技术协会命名首批为“全国科普教育基地”之一，是西北地区第一个城市湿地博物馆。

张掖湿地博物馆突出张掖黑河湿地生态系统的特色和张掖市“戈壁水乡、生态未来、古城文明”的特点，具有高雅、清新、自然、流畅和强烈的时代气息和浓郁的地方特色，既能显示张掖湿地相融、宽广磅礴的气势，又能体现黑河湿地生态系统的特点和张掖市“塞上江南”的现代风貌。序厅主要应将传统的沙盘制作工艺与计算机多媒体技术相结合，自动控制灯光显示，实现声、光、电一体化，具有自动演播信息功能，逼真地显示自然保护区的地形地貌特征、功能区划、动植物分布、生态旅游景点以及远景规划，展示现时，规划未来；湿地生命的摇篮厅主要以“神奇的湿地”展览为主题，向大家系统地介绍了湿地的概念、类型、功能及保护的重要意义，着重展示了张掖黑河湿地保护区内有代表性的湿地景观，用大型开放式仿真展示手法，突出展现了保护湿地的重要性以及湿地在生态系统中不可替代的重要作用，模拟的湿地环境让大家身临其境，在充实知识的同时，带给大家精神上的愉悦；湿地家园厅主要展示地球上的所有生物都是互相依存的，每一个物种的绝灭都会引起生物链反应，带来灾难性生态后果，该展厅按照现代布展理念陈列了动植物标本 8 大类 73 件，其中国家一、二级重点保护动物 44 种 115 件；生态张掖厅详细介绍了黑河湿地的历史变迁、地形地貌及形成过程，互动区设置了全景幻像仪、触摸屏，采用多媒体互动技术，通过一系列互动游戏软件，激发游客的好奇心和参与感，使其在娱乐中学到丰富有趣的知识；大美张掖厅配置有投影仪等多媒体设备，主要展示张掖的城市规划，通过大型沙盘让更多的游客了解张掖、认识张掖。

二、发挥国家“环保科普”“科普教育”基地作用

为了更好地发挥“环保科普”“科普教育”基地作用，提升全民保护环境的素质和水平，在工作中，致力于强化服务窗口规范化建设和管理，加强环保科普队伍建设，不断提升讲解员综合业务能力和服务水平，精心组织开展环保科普活动，丰富环保科普普及和宣传活动的形式及内容，取得了良好的社会效应，引发了社会的广泛关注。

1.开展湿地特色科普教育，广泛开展形式多样的环保科普教育活动。为提高广大青少年环保素质水平，依托湿地博物馆自身优势，以“爱鸟周”“世界环境日”等重大节日为载体，针对周边中、小学，举办环保科普教育系列活动。在全国第34个“爱鸟周”期间，开展了以“爱护鸟类、保护环境、共享湿地之美”为主题的科普实践活动。先后组织西街小学、青西中学等9所学校3 500余名师生参加了活动。在第39个“国际博物馆日”期间，组织周边近1000名中小学校师生和市民开展环保科普教育活动。在“6·1”儿童节期间，与青西中学联合开展“同在蓝天下，我们手拉手”主题活动：来自青西中学、实验中学、北街小学的200名学生来馆参观学习交流，结成帮扶对子；其间，组织周边近2 000名中小学校师生开展了环保科普教育活动。在第44个“世界环境日”期间，组织周边中小学师生、社区公众近2 700人来馆参观。针对参观人群的不同，组织开展了以环保宣传教育为主的科普活动。通过开展多种形式的环保科普活动和社会实践，增强了未成年人对科学技术的兴趣和爱好，使青少年朋友与社会公众更多地了解黑河湿地，普及生态科普知识，增强了其爱护鸟类、保护环境、维护生态平衡的意识，得到了良好的社会效益。

2.组织开展课外实践基地大课堂活动。为课外实践基地大课堂的进一步深入，举办湿地科普教育进校园活动，组织周边中小学近3 000名学生开展“保护湿地，共建文明家园”有奖征文等活动。暑假期间，以培养观鸟兴趣，引导关注生态环境，倡导生态保护为目标，开展了“暑期环境科普大课堂”实践活动，先后组织1 000余名中小学生参加了户外实践课堂活动；与河西学院500余名学生，联合开展大学生暑期社会实践活动；通过开展课外科普活动，引导广大青少年增强创新意识和实践能力，普及保护生态环境、爱护自然资源等知识，发挥广大青少年在家庭和社区科普宣传中对成年人的独特影响作用。

3.“敬老月”期间，举办以“关爱老年人，保护大自然”为主题的科普活动。一是组织周边社区老年人参观湿地博物馆，活动人数达1 000人。二是到周边马神庙、北街、东北郊等社区进行科普巡展，开展“环保科普巡展进社区”宣传活动，通过宣讲和举办环保讲座，向近1 500余名社区公民进行科普宣传教育。

4.在“全国科普日”期间，组织开展“国家环保科普基地”巡展活动。2014年5月14日，与张掖市科协等相关部门举办了以“保护生态环境，建设美丽张掖”为主题的科普日宣传活动启动仪式，周边中小学和社区近2 000名师生、群众参加了活动,发放宣传资料 2 000 余份。启动仪式后,陆续组织开展科普知识进社区、进校园活动暨国家环保科普基地科普巡展活动。通过各项活动的开展,使青少年朋友和社会公众更多地了解黑河湿地,普及环境科普文化知识,增强爱护鸟类、保护环境、维护生态平衡的意识,同时,也锻炼了科普宣教队伍,得到了良好社会效益。

三、积极搞好科学研究工作,努力提升科技支撑能力

一是积极开展鸟类资源调查监测、植被及湿地资源、湿地生态演替、生态环境评估等基础研究;重点做好黑鹳等珍稀濒危鸟类栖息环境的保护、改善工作,稳定并扩大种群数量。二是加强与省内外高等院校及科研机构的联系、交流与合作,参与了兰州大学等 8 所高校承担的国家“973”项目,配合完成野外调查、数据采集等工作;承担了国家林业局湿地生境评价工作以及国家林业重点工程社会效益监测项目,提升了自然保护区科研水平和档次,科研项目实施取得理想成果。

四、对外宣传及取得的社会效应

1. 充分利用由中国科学院、国家自然科学基金委员会、中国农科院和甘肃省人民政府主办、我馆具体承办的“绿洲论坛”,广泛宣传我市在生态文明建设和环境保护工作取得的成就,大力提升张掖市和黑河湿地国家级自然保护区的知名度和影响力。

2. 积极争取国家林业局、中央电视台支持,到黑河湿地进行“美丽中国·湿地行”拍摄,专题片在央视四套《走遍中国》栏目播出,充分展现了黑河湿地的自然美、生态美和人文美。

3. 充分利用中国湿地博物馆举办的“中国最美湿地”展示会这一平台,宣传和推介我市在自然环境和生态保护等方面取得的成就,黑河湿地风采得到充分展示。

4. 充分发挥当地广播、电视、报刊等大众传媒的科技传播功能,加大宣传力

度，及时向社会公众宣传环保科普系列活动的开展情况，扩大宣传环保科普活动的受益面，提高活动的影响力，在《甘肃日报》、《张掖日报》、张掖市电视台、张掖市政府网站等媒体发表报道信息10余篇。

五、存在的主要问题及建议

1. 存在问题：一是环保科普巡展内容和手段基本上多为传统形式，组织形式和内容相对单一，服务能力偏弱，难以满足市民群众的需求。二是环保科普教育活动辐射面较窄，特色鲜明的科普读物匮乏，科普资源共建共享机制尚未形成，共享程度偏低，综合利用率不高。

2. 几点建议：一是构建环保科普巡展资源共建共享网络，统筹规划、加强管理，加强地域行业间、部门单位间的联络协作。二是要重视环保科普巡展方向，重视优质科普资源开发，以项目形式因地制宜、有针对性地开展科普巡展活动，为提高广大市民的科学素质服务。三是创新形式和方法，以科普游、科普知识宣传、互动实践等形式，发挥环保科普基地和科普志愿者作用，调动和吸引社会力量参与科普资源开发建设工作，不断优化科普资源共建共享环境。

湿地博物馆助推张掖市社会经济可持续发展分析

田发义

（张掖湿地博物馆）

【摘　要】本文从张掖市水资源现状分析入手，分析湿地与水资源的互馈关系及湿地博物馆对水资源保护的重要性；结合水是农业发展的命脉、农业经济是张掖市社会经济发展驱动力，探讨湿地博物馆对张掖市社会经济发展的助推作用。在此基础上，分析旅游业、历史文化对饮食文化、农业特产、制种业等农业品牌效益的响应，阐述湿地博物馆助推张掖市社会经济可持续发展的重要性。

【关键词】水资源　湿地　农业经济

引言

随着对生态环境保护的日益重视，湿地作为水域与陆地之间过渡性的生态系统，其保护的重要性日益凸显，全国各地相继设立了湿地保护区，建立了湿地博物馆，为旅游业的发展、历史文化的宣传、科学知识的普及提供了便利，但怎样分析湿地及湿地博物馆对区域经济发展的助推作用仍有欠缺。大众认为湿地的建立主要是为了旅游业的发展、是为人们的休闲和旅游提供了条件，而对湿地的潜在功能认识不够。本文以张掖市湿地博物馆为例，从水资源现状、湿地与水资源的互馈关系、农业发展对水资源的依赖、湿地对生态功能服务、湿地博物馆的功能分析入手，重点分析湿地及湿地博物馆对张掖市经济发展的重要性。

一、张掖国家湿地公园概况

张掖国家湿地公园位于张掖市甘州区城郊北部，地理位置介于东经100°06′—100°54′，北纬38°32′—39°24′之间，面积2.6万亩，处于黑河中游祁连山洪积扇前缘和黑河古河道及泛滥平原的潜水溢出地带，是由河流、草本沼泽、湿草甸等天然湿地以及人工湖、池塘、沟渠等人工湿地为主体构成的复合湿地生态系统，湿地类型多样，原生态特征突出，是张掖绿洲这一内陆干旱区脆弱生态系统的重要组成部分，发挥着水源涵养和水资源调蓄、净化水质、维护湿地生物多样性、防止沙漠化和改善区域外气候等重要的生态功能。自2009年作为国家级湿地公园试点以来，以"生态优先、科学修复、适度开发、合理利用"为规划和建设的指导思想，相继建设了管理服务区、科普宣教区、农耕文化区、湿地恢复区、湿地保护区、休闲娱乐区，向公众展示湿地的生态功能、宣教功能、湿地文化功能和休闲游憩功能，通过实物展示、参与体验和实地感受，提高公众的湿地保护意识，并为大众旅游休憩和观光提供良好场所，再现了自古流传的"甘州不干水池塘""半城芦苇半城庙（塔）"的自然美景，同时让人们认识到了生物的多样性与人类生存的密切联系，认识到保护环境、维持生态平衡的重要性。

二、张掖市水资源现状

（一）张掖市水资源量

2014年张掖市地表水资源量28.816亿m^3，地下水资源量20.330亿m^3，重复计算量18.730亿m^3，水资源总量为30.416亿m^3。地表水源供水量16.898 6亿m^3，地下水源供水量6.093 8亿m^3，总供水量22.992 4亿m^3。

（二）张掖湿地储水量分析

根据甘肃省第二次湿地资源调查结果，张掖市湿地面积达25.13万hm^2，其中河流湿地面积82 225.83hm^2，湖泊湿地面积544.53hm^2，沼泽湿地面积

158 447.25hm^2，人工湿地面积 10 130.91hm^2。现阶段，可开发、近城区、易保护的湿地资源以沼泽湿地和人工湿地区为主。根据孟宪民的研究，每 1hm^2 沼泽湿地能饱和蓄水 8 100m^3，因此可得出张掖市沼泽湿地总蓄水量约为 12.834 2 亿 m^3。人工湿地主要包括河滩、盐碱滩等，由于土壤质地及结构与沼泽湿地不同，其土壤蓄水能力也有很大差异，因此，按照区域实测的平均含水量 28.6%进行估算，其地下水位平均埋深为 1.97m，张掖市人工湿地的蓄水量为 0.559 1 亿 m^3。

(三)湿地与水资源的互馈关系

湿地公园是以水为主体，没有水，缺少水景支撑，湿地公园则不复存在。水不美，水量不足，湿地公园则失去色彩。所以说水是湿地公园的灵魂，湿地公园则是传播水知识的重要载体和平台。张掖市沼泽湿地、人工湿地总储水量 13.393 3 亿 m^3，占水资源总量的 44.03%，湿地成为张掖市的天然水库。湿地是水域与陆地之间过渡性的生态系统，是水资源丰缺的基本表现，湿地水资源的地上出流、地下渗漏、水面蒸发为补给用水不足、维护区域生态小气候、改善生态环境提供了有力保障。湿地的物理、生物、化学组成部分交互作用，其具有调节洪水、降低洪峰、补充地下含水层、改善水质的功能，对维护水资源的水质和安全、正常发挥水资源的经济效益具有重要意义。湿地保护能给水资源的天然优化配置、合理利用以及综合管理提供保障并能带来巨大的生态效益、经济效益和社会效益。

(四)湿地对生态功能服务的价值

湿地独特而又富有生命力的生态系统，有着多样的服务功能，潜藏着巨大的效益，包括物质生产、气候调节、固碳、调洪蓄水和提供水源、降解污染物、生物栖息地、教育科研、旅游休闲等主要生态功能。1997 年，Costanza 等对全球生态系统服务价值的估算约为 33 万亿美元，是全球 GDP 的 1.8—2 倍，其中仅占陆地面积 6%的湿地，生态服务价值高达 5 万亿美元，陈仲新对中国的生态服务总经济价值估算为 7.8×10^4 亿元，是国民生产总值的 1.73 倍，显示出生态服务功能对社会发展的重大作用。孔东升研究出黑河湿地自然保护区生态服务功能总价值为 32.89 亿元，是 2012 年张掖市 GDP 的 11.27%，其中各生态服务功能的价值量依次为：调蓄洪水功能＞湿地固碳释氧功能＞旅游休闲功能＞提供水源功能＞气候调节功能＞物质生产功能＞生物栖息地功能＞科研教育价值功能＞降解污染物功能。调蓄洪水的功能价值占总价值的33.02%；其次为湿地固碳释氧功能、旅游休闲功能、提供水源功能和气候调节功能，所占比例分别为20.46%，12.77%，11.55%和10%。调蓄洪水是保护区湿地最重要的生态功能，突显出保护区湿地在西北干旱区发挥着重要的水源涵养和生态屏障的作用；同时可以看出，该湿地的旅游休闲功能具有巨大的经济效益。物质生产、生物栖息地及科研教育价值分别占总价值的5.41%，3.07%和2.95%；而降解污染物的功能价值最小，所占比例为0.76%。水洪调蓄、水资源合理配置、生态环境安全等是为了避免洪水对农田的危害、干旱对农业的制约，因此，湿地对生态功能的服务直接影响着农业的发展。

三、张掖市农业发展对水资源的依赖性

“民以食为天，食以粮为本”，粮食是关系到国计民生的大问题，是国民经济和社会稳定的前提和基础。张掖市土地平坦、阳光充足、灌溉便利，自古就是食品粮生产基地。25.13万hm^2面积的湿地是水资源储备的天然水库，为张掖市的生态农业发展创造了有利条件，加快了小农业向大农业，粗放农业向精细农业，散点种植化农业向集约化农业、传统农业向现代农业，常规农业向生态农业的转变。张掖市2013年GDP为336.86亿元，其中第一产业93.11亿元，占GDP的27.6%，甘肃省第一产业仅占全省GDP的14.03%，第一产业占GDP的比例高于省内其他城市。随着市场经济的发展，张掖市从粮食作物种植基地向经济作物种植基地转变。如张掖市制种玉米种植面积75.93万亩、特色经济林果业种植面积79.02万亩、蔬菜种植面积达61.8万亩、中药材种植面积37.53万亩，分别占张掖农业种植面积的18.45%，19.20%，15.02%，9.12%，总占比61.79%。而粮食作物中小麦种植面积96.6万亩、饲用玉米种植面积14.3万亩、马铃薯种植面积46.31万亩，总占比38.2%。水资源是农业发展的基本条件，2013年张掖市农田灌溉用水量19.0407亿m^3，林牧渔畜用水量2.544 1亿m^3，工业用水量0.694 0亿m^3，城镇公共用水量0.2167亿m^3，居民生活用水量0.2833亿m^3，生态环境用水量0.2134亿m^3，总用水量22.992 4

亿 m^3,因此,农田灌溉是用水大户,用水量占总用水量的 82.81%,可持续利用的水资源是农业可持续发展的基本保障。

四、张掖湿地博物馆的功能

湿地博物馆的功能是宣传和引导人们了解“人和自然和谐发展”的重要性,培养和增强湿地生态环境保护意识,普及和传播湿地科学知识,研究和推广湿地生态系统相关科学技术和成果;同时,集历史文化的传承和宣传、旅游资源的开发和实施、特色产业的宣传和推销等功能于一体。基于湿地潜藏的巨大生态功能服务价值、农业服务价值、古丝绸之路历史文化的传承和服务价值、科学知识的普及价值,张掖市修建了总占地面积约 20 万 m^2 的湿地博物馆,因此,张掖湿地博物馆对本区域经济社会的可持续发展具有重要的作用和意义。

五、结论

2013 年度张掖市河流、湿地总供水量 22.992 4 亿 m^3,其中沼泽湿地、人工湿地总储水量 13.393 3 亿 m^3,占水资源总量的 44.03%;张掖市农田灌溉用水量 19.040 7 亿 m^3,农林牧渔等第一产业 93.11 亿元,占 GDP 的 27.6%。因此,农业发展是张掖市社会经济可持续发展的重点,但农业又是张掖市的用水大户,因此,水资源是农业发展的基本保障。湿地是张掖的天然水库,是水资源的载体、湿地博物馆是传播水知识的重要平台。依赖于优越的生态环境、天然的水资源,其制种产业、高原夏菜产业、面食文化产业、旅游文化产业已形成了品牌效应。因此,湿地及湿地博物馆为张掖经济社会可持续发展提供了重要保障。

参考文献

[1] 孔东升,张灏.张掖黑河湿地自然保护区生态服务功能价值评估[J].生态学报,2015(4).

[2] 巴建文,马小全,秦晓燕.张掖城市湿地保护区生态需水量分析与计算[J].

甘肃地质,2009(3).

[3] 牛赟,刘贤德,张宏斌,等.黑河流域中上游湿地生态功能评价[J].湿地科学,2007(3).

[4] 刘宏军,周全民,牛赟.张掖黑河流域湿地资源调查与分类[J].湿地科学与管理,2011,7(1).

湿地与湿地科普教育

陈　鹤
（张掖黑河湿地国家级自然保护区管理局）

【摘　要】通过介绍湿地对人类社会的重要作用，结合张掖湿地现状，探讨如何提升科普教育宣传水平，使其更好地发挥在湿地保护中的作用。本文具有一定的教育和科研价值，呼吁全社会保护和管理好湿地资源，以造福人类。

【关键词】湿地　湿地保护　科普教育宣传

Wetlands and wetland science education

Abstract: Through the introduction to the important role of human society, Wetland in combination with the present condition of wetland Zhangye, Discusses how to enhance the level of popular science propaganda education and play a better role in wetland conservation. Have a certain education and scientific research value, and then called for the whole society to protect and manage the wetland resources, for the benefit of mankind.

Keywords: Wetland　Wetland protection　Popular science education

一、湿地对人类社会的重要意义

湿地作为人类最重要的环境资本之一，不仅拥有丰富的资源，而且具有巨大的环境调节功能和生态效益。各种类型的湿地在抵御洪水、调节径流、蓄洪防旱、调节气候、控制土壤侵蚀、促淤造陆、保护生物多样性和为人类提供生产、生活资源方面发挥着重要作用，是人类生存和发展的必备条件之一，特别在生态环境中的地位不可估量。它在维持生物多样性方面具有十分重要的意义，依赖湿地生存、繁衍的野生动植物极为丰富。湿地也是重要的遗传基因库，对维持野生物种种群的存续、筛选和改良均具有重要意义。同时湿地在控制洪水、蓄水、调节河川径流、补给地下水和维持区域水平衡中发挥着重要作用，是蓄水防洪的天然"海绵"。通过天然和人工湿地的调节，储存来自降雨、河流过多的水量，避免发生洪水灾害。

湿地对人类社会的发展有重要作用，全社会、全人类都要认识它、保护它。为了人类的持续发展，我们必须保护人类赖以生存的水源，同时也要保护湿地，而在众多保护湿地的方法中，科普教育宣传活动起着十分重要的作用。

二、张掖市湿地现状

张掖市位于古丝绸之路甘肃省河西走廊中部，地理位置为北纬37°28′—39°59′，东经97°25′—102°13′之间。甘肃黑河湿地国家级自然保护区位于北纬38°—42°，东经98°—101°之间，主要包括甘州区、临泽县、高台县境内分布的湿地。甘肃黑河湿地国家级自然保护区位于我国候鸟三大迁徙途径西部路线的中段，地表水与地下水的反复交替，形成了境内湖泊、沼泽、滩涂星罗棋布、生物多样性丰富、喜湿植物茂盛的内陆干旱区独特的湿地生态系统，为野生鸟类繁衍生息创造了得天独厚的条件，是春秋两季大量候鸟停歇嬉戏的天堂。有国家Ⅰ级保护鸟类黑鹳(Ciconia nigra)、玉带海雕(Haliaeetus leucoryphus)白尾海雕(Haliaeetus albicilla)等4种，国家Ⅱ级保护鸟类大天鹅(Cygnus Cygnus)、小天鹅(Cygnus colunbianus)、鹗(Pandion haliaetus)、灰鹤(Grus grus)等18种，国家"三有"鸟类60余种途径这里。张掖市湿地资源调查统计结果表明，全市湿地有2大类4个类型13个类别，总面积315.63万亩，占土地总面积的5.02％。天然湿地面积299.56万亩，分为河流湿地、湖泊湿地及沼泽湿地3个类型，包括永久性河流、季节性河流、洪泛平原湿地、永久性淡水湖、季节性淡水湖、草本沼泽、高山湿地、灌丛湿地、内陆盐沼共9个类别。人工湿地面积16.06万亩，占全市湿地总面积的85.1％，包括水产池塘、灌溉地、蓄水区、盐田共4个类别。按行政区域统计，肃南裕固族自治县、高台县、临泽县、山丹县、民乐县、甘州区湿地面积分别为155 100hm^2、17 450hm^2、10 822hm^2、10 257hm^2、11 653hm^{2}和5 139hm^2，分别占全市湿地面积的73.7%，8.3%，5.1%，4.9%，5.5%和2.4%。

黑河流域内有森林、草原、荒漠、寒漠、冻原、农田、水域、冰川等多种生态系统，完善了本区植物种类组成多样性的环境基础。黑河流域湿地与森林、草原有机地融合在一起，形成一个密不可分的生态系统，在这个生态系统中，动、植物资源极为丰富。根据《张掖市湿地资源调查报告(2005)》和《张掖市北郊湿地资源调查报告(2008)》，湿地区域分布的高等植物种类有84科399属1 044种，其中蕨类植物7科13属14种；裸子植物3科6属10种；被子植物74科380属1020种(附件)；乔木有48种，灌木有145种。其中尚保存有一些珍贵稀有的植物种类资源，如裸果木(Gymnocarpos przewalskii)系中亚荒漠的特有植物，起源于地中海旱生植物区系的第三纪古老残遗成分；星叶草(Circaeaster agretsis)为我国特有种，分布于林下及山坡阴湿之地。如此丰富的植物资源，在祁连山区气候条件的多样性和地貌类型的复杂性的孕育下，其物种多样性在世界上占有相当重要的位置。可以说是西北地区物种遗传的一个基因中心。

三、张掖市湿地科普教育现状及存在的问题

(一)张掖市湿地科普宣传教育现状

海洋、森林、湿地被并称为地球之肾，在生态系统中意义非凡，扮演着重要的角色。以往湿地的保护主要是依赖和倚仗于国家投入和保护，效果并不佳。20世纪末科普宣传教育活动的出现使得湿地保护上了一个新台阶，这种能让更多人参与，能形成保护湿地合力的新方法让当前的湿地保护工作取得了新进展，也让湿地保护水平提升到了一个新的高度。科普教育是一种社会教育。作为社会教育它既不同于学校教育，也不同于职业教育，其基本特点是：社会性、群众性和持续性。科学普及的特点表明，科普工作必须运用社会化、群众化和经常化的科普方式，充分利用现代社会的多种流通渠道和信息传播媒体，不失时机地广泛渗透到各种社会活动之中，才能形成规模宏大、富有生机、社会化的

大科普。

近年来，张掖黑河湿地国家级自然保护区管理局不断强化工作职能，在保护与合理利用的基础上，大力开发科普宣传与教育职能，在普及科学知识、倡导科学方法、传播科学思想、弘扬科学精神上下功夫，建成国家级城市湿地公园和张掖市城市湿地博物馆两个主要科普教育宣传阵地，其主要功能是：展览教育、培训教育和实验教育，使其成为面向社会公众进行科普宣传和教育的重要场所。

（二）张掖市湿地科普宣传教育活动存在的问题

虽然目前我国科普宣传教育活动在保护湿地中发挥了较大的作用，但我们不得不意识到随着经济的发展和新情况的出现，科普教育宣传活动在湿地保护中显现出了缺点和不足，亟待改进与提高。从我国国家湿地公园科普教育所发挥的社会效益层面总体上看，交通环境、门票价格、综合服务设施等诸多因素的困扰一定程度上影响了湿地知识传播的范围、教育的覆盖面，科普教育基地应发挥的作用及效果并不十分明显。改善和建立高效综合服务能力的科普教育基地是一项系统工程，直接关系到我国建设"生态文明强国"的关键所在。对此，我们要透过现象看本质，面对存在的问题，找出病源根结，寻求最佳的改进措施，促进国家湿地公园在健康发展的道路上，最大化地发挥出科普教育基地传播、启迪、教育的重要作用。使更多的公众通过观光湿地博物馆这个平台在旅游、体验自然的同时汲取知识，不断提升对湿地的了解，认识到保护湿地的意义以及存在的必要性。一张短短十几分钟的湿地宣传片却需要30元人民币才能看到，这也充分反映部分湿地博物馆的宣传教育活动和经济挂钩地过于明显，很多群众没有渠道去充分参与到湿地科普活动中，严重地影响了湿地科普活动的质量。因此优化外部条件，使湿地宣传教育活动真正走向大众，促成全民参与和全民保护。

四、湿地科普宣传教育活动的主要阵地及重要作用

作为湿地知识普及和生态道德教育的重要手段，湿地科普教育宣传对湿地

保护的意义日益凸显。

(一)湿地博物馆正在成为我国重要的湿地科普基地

博物馆以其独特的景观构成方式和对公众的开放性成为独具特色的教育区。例如张掖市城市湿地博物馆构建了以湿地功能和价值为主题的展览厅,介绍湿地知识、展现湿地生态环境及观赏鸟相百态,访客可直接在室内感受到多种类型的湿地景观,提高了公众对湿地保护和利用的认知水平。博物馆通过定期免费向公众开放,引导公众关心湿地、爱护湿地;建立湿地生态环境监测站和观鸟塔,吸引更多的大专院校、科研单位对湿地生态过程、湿地价值和可持续利用价值等进行科学研究。

(二)国家湿地公园起到了生态旅游的示范作用

随着湿地公园建设的不断推进,湿地生态环境的恢复和重建、湿地景观与湿地生态服务功能之再现、科普教育中心与休闲游憩设施建设以及地域文化的逐步挖掘等都将为生态旅游提供取之不尽的题材。国家湿地公园在湿地生态旅游和科普宣传教育方面具有明显的优势,通过组织开展湿地风情调研和系列活动,在环保教育和生态旅游方面起到了良好的示范作用。

五、努力提升科普教育宣传水平

(一)构建湿地科普主要阵地

自 2008 年 12 月 1 国家林业局颁布实施了国家湿地公园建设规范以来,国内试点国家湿地公园得到迅猛发展,到目前已经达到了 200 多处,在起到保护湿地宣传教育的同时大部分成了当地最重要的旅游观光景区与地方经济发展的支撑点。张掖城市湿地博物馆是集收藏、研究、展示、宣教、科普于一体的湿地生态博物馆。展馆以“戈壁水乡、生态绿洲、古城文明”为主题,传承地域历史文化,展示湿地保护历程,彰显生态文明成果,描绘城市规划远景,展现了黑河湿地国家级自然保护区的战略地位、地质地貌、自然资源、环境演变及生态保护成就，其既是展现张掖湿地生态建设的窗口，也是对大众进行生态科普教育的基地，更是生态文化建设服务人民群众的一个重要阵地，起到了示范湿地的保护与合理利用的作用；开展科普宣传教育，提高公众生态环境保护意识，为公众提供体验自然、享受自然的休闲阵地。构建合理的湿地博物馆运行机制，充分发挥湿地博物馆进行湿地科普教育宣传的职能应当被提升到一个新的战略高度。

（二）优化湿地科普外部条件

国家湿地公园的发展走向已经在"国家湿地公园建设规范"中明确其建设目标、宗旨，是完全符合十八大提出"生态文明建设"发展战略要求的。国家湿地公园要从理念上、服务的能力上发挥出科普教育平台的功能和作用。在建立起总体服务规划的基础上，还要建立与之相适应的服务网络体系，尤其是面对青少年时服务网络体系的建立至关重要。青少年通过体验自然，参与科普活动更多地掌握湿地知识信息，公园要通过信息反馈，了解他们对湿地知识掌握的情况，对保护湿地重要性的认识程度。因此优化外部条件，使湿地宣传教育活动真正走向大众，全民参与，全民保护。

（三）创新湿地科普宣传活动内容

目前我国湿地公园现行的宣传教育实践活动对于湿地的保护作用还不是特别明显，传统意义上的湿地宣传教育活动也显现出被动性和消极性，很多单位及个人也仅仅是被动地参与到湿地宣传教育活动中，这都充分说明目前我们的湿地科普宣传教育活动存在明显的吸引力不足现象。如何解决这一问题？这就要求湿地公园在进行湿地科普宣传活动的过程中标新立异，修正以往的工作方法，创新科普教育活动方式方法，增强湿地科普教育活动吸引力，变公众被动消极参加到主动参加。在科普宣传教育活动创新上下功夫，在总结以往经验的同时积极寻求方法。

（四）加强湿地生态功能的宣传

近年来，省、市林业部门通过各种方式，利用各种渠道对湿地的生态功能进行了大量宣传,但仅依靠林业部门每年一两次宣传是远远不够的,湿地生态功能的宣传教育要利用多渠道、多形式来进行,如建议大、中、小学生课程中增设生态教育课程,定期进行社区环境保护宣传,在自然保护区和有关保护点参观、实习,实行免费进出、政府补贴的形式等,逐步提高人们对湿地生态功能的认识。

随着国家对湿地保护力度的加大以及社会对湿地知识需求的增加,湿地科普教育宣传将呈现蓬勃发展之势。张掖市湿地多样,城市湿地公园建设和博物馆建设日趋成熟,应充分发挥湿地科普教育宣传活动的作用,以提高全民素养,调动社会力量参与湿地保护与可持续利用,实现人与自然和谐共处。

参考文献

[1] 张凡,李淑玲,胡祥娟. 固原市湿地现状与保护对策[J]. 现代农业科技,2011(22).

[2] 张建龙. 湿地公约履行指南[M]. 北京:中国林业出版社,2001.

[3] 国家林业局等. 中国湿地保护行动计划[M]. 北京:中国林业出版社,2002.

[4] 国家林业局野生动植物保护司. 湿地管理与研究方法[M]. 北京:中国林业出版社,2002.

新常态下湿地博物馆的发展现状与未来使命

——以张掖城市湿地博物馆为例

姚艳霞

（张掖城市湿地博物馆）

【摘　要】湿地博物馆自机构编制部门批准设立起，即被赋予了传承湿地保护文化、展示湿地保护历程、彰显生态文明成果的重要职责，肩负着传播湿地科普知识、引领湿地文化发展前沿、将湿地保护成果推向世界的重任，也兼有推动经济与社会可持续发展的重要使命。本文以张掖城市湿地博物馆为例，通过分析湿地博物馆的发展现状，强调湿地博物馆要顺应经济发展的新常态，从高科技科普宣传教育展示、智能化展示展览手段应用、多媒体展示系统推广、科学教育活动设计理念更新等入手，充分发挥湿地博物馆在提升公众知识习得、情感共鸣、价值认同等意识形态领域方面的作用，推动湿地博物馆事业永葆活力、长足发展。

【关键词】新常态　博物馆　现状与未来

近年来，随着我国经济发展进入新常态，国家对湿地生态保护与恢复生态环境日益重视，湿地博物馆作为一种公益性机构，正在经济社会发展中呈现愈加举足轻重的作用。适应新常态，引领新常态，是当前和今后一个时期做好湿地博物馆工作的基本前提。本文通过张掖城市湿地博物馆发展现状分析，从高科技科普宣传教育展示、智能化展示展览手段应用、多媒体展示系统推广、科学教育活动设计理念更新等入手，充分发挥湿地博物馆在提升公众知识习得、情感共鸣、价值认同等意识形态领域方面的作用，以此推动湿地博物馆事业永葆活力、长足发展。

一、新常态下张掖湿地博物馆的发展现状

张掖城市湿地博物馆位于张掖市国家湿地公园南大门，主体展馆建筑面积 5 500m^2，于 2013 年 8 月 8 日正式对外开放。该馆主动适应新常态，致力于打造展示内容最丰富、科技手段最先进、科普教育最生动的国内一流、西北第一的专业湿地博物馆理念，以“塞上江南·印象张掖”“地貌大观·多彩张掖”“丝路重镇·人文张掖”“湿地之城·生态张掖”“城市未来·大美张掖”“湿地·生命的摇篮”为脉络，建成了六大展区，布展中采用了先进的声、光、电控制技术，并配套大量的标本、图片、文字资料印证，浓缩了张掖生态建设和城市发展的历程，凸显了黑河湿地的战略地位、地质地貌、自然资源、环境演变及生态保护成就，构成了室内与室外、实景与虚景、历史与现代相结合的湿地生态科普科研基地。自开馆以来，博物馆通过普及湿地科学知识、展示湿地生态系统功能，向观众展示湿地之美，已累计接待来自政府机关、部队、企事业单位、学校、社区等各类团体 800 多个、各界群众 68 万人次，取得了良好的社会效益，得到广大群众的认可和赞誉。

二、湿地博物馆发展中面临的问题

(一)展览手段单一

除了做好基本陈列外，博物馆工作越来越关注形式多样的临时展览。但因目前张掖城市湿地博物馆场地及人员情况限制，未能脱离陈列这种单一形式，没有“走出去、走进社会、与观众互动”的推展方向，不能吸引更多的观众，扩大宣教功能，进一步发挥社会效益。特别是数字技术运用滞后，数字技术理论学习和提高抓得不够，缺乏整体思考和系统谋划，没有应用成果，影响了博物馆职能的发挥。

(二)多媒体展示系统不完善

在多媒体展示互动技术运用方面,张掖湿地博物馆缺少公共微信平台、“掌上博物馆”、互动地面展示技术和远程视频展示技术,没有客户端进行湿地博物馆展示品和多媒体信息的展示,展厅外享受不到博物馆的服务。

(三)科普宣传教育有缺失

由于人们对湿地的认识有限,张掖城市湿地博物馆目前的科普宣传只是接待前来的旅客,人们进馆参观只是走马观花,不能系统地了解,馆内没有向公众免费发放的图文宣传册,也没有最大限度扩大游客对博物馆的认知度。同时,馆办科普教育管理人员素质不能满足需要,管理制度和激励机制需进一步完善。

(四)教育活动设计理念陈旧

在博物馆教育活动设计理念方面,各类参观单位和学校没有结合个人需求和学校教学大纲设计各种课程的参观教学内容,组织游客有针对性地参观博物馆。近年来,虽然张掖各学校也积极响应素质教育要求,组织学生参加穿越湿地、参观湿地博物馆等活动,但象征意义大于实际效果。

三、对策与建议

(一)综合运用先进的展览手段

湿地博物馆科普活动中只有综合运用多媒体展示展览技术、网络媒体应用技术、智能化的展示展览手段,才能实现科普活动的有效性、信息的共享性,才能更好地为更多的观众提供更好的服务。运用计算机技术将声音、图形、图像、视频、动画和文字特殊效果等单一的媒体形式集成为一体的表现形式,使其是全面的综合性的信息资源,它能用来达成信息传播中的任何媒体资源,以其强大的表现力与感染力，结合原有的实物展览方式，不仅能充分展现原实物展品的内涵，而且能使具体的展览内容形象、生动、直观地显示出来，以激发大众的主动性、积极性和参与性，提高科普宣传质量。

（二）探索运用多媒体展示手段

张掖城市湿地博物馆应创新工作思路，不断采用先进的多媒体技术，逐步探索建设“掌上博物馆”，通过在客户端进行文物展示品和多媒体信息的展示，与及时将获得的有关展示的文字、图片、音频和视频以及三维图像等信息通过网络传回到计算机、手机、平板电脑等移动设备上进行展示，为每个移动设备使用者提供“自助式参观”服务。借鉴其他博物馆的网络建设经验同步发展网络虚拟博物馆，通过网络三维动画模拟博物馆场景，让观众在网上畅游张掖城市湿地博物馆。借助新兴的网络服务平台，通过建立张掖城市湿地博物馆公共微信账号，扩大受众功能。通过以上手段，让受众除了在展厅内可以享受到服务，在展厅外甚至在国内外其他城市都可以享受到博物馆的服务。

（三）完善科普宣传教育功能

在进行科普宣传活动的过程中要标新立异，不断创新科普教育活动的方式方法，变公众被动参与到主动参加。成立宣教中心，配备宣传、教育、培训、音像等专业技术人员，明确分工和互相合作，加强保护区之间合作，提高科普宣教工作效率。积极寻求方法，变换方式，科普工作人员可前往学校、社区或人员集中的广场等地开展科普知识宣讲，内容涉及湿地生态方方面面的知识，形式简单灵活、互动参与方式多样，在轻松活泼的氛围中增强对湿地生态保护的意识和兴趣。采取请进来、走出去的方式，通过培训、知识讲座等形式开展科普宣传教育活动。建立结构合理的科普管理队伍，补充科普教育人员数量，加强对科普教育管理人员的培训，培养一批高素质的科普教育专业人才。

（四）更新教育活动设计理念

要通过设计主题内容明确、形式多样的科普展教资源，对不同公众采取不同的科普教育。对生态旅游者的科普教育，要通过组织开展“寻访湿地”活动，以增强他们爱护环境、保护野生动植物的环保观念。对青少年学生，要结合学校教学大纲设计各种课程的参观教学内容，组织开展“保护湿地，人人有责”“湿地，我们的未来”等活动，努力为学校教育服务，以直观、立体、物化的教育方式，让学生在轻松、活泼的气氛中掌握保护湿地的知识内容。

参考文献

[1] 赵学敏. 湿地：人与自然和谐共存的家园：中国湿地保护[M]. 北京：中国林业出版社，2005.

[2] 周雅铭. 虚拟现实数字化手段在展示设计中的应用[J]. 西南农业大学学报(社会科学版)，2009.

[3] 黄玉亭. 在博物馆展览中多媒体技术的作用研究[J]. 现代企业文化，2008(23).

[4] 刘宇驰. 数字媒体技术在博物馆展示中的合理应用[D]. 上海：复旦大学，2012.

[5] 李伟，谢屹，曲秀芹，等. 浅议我国的湿地宣教[J]. 湿地科学与管理，2007(03).

科技场馆体验探究式教育项目的开展

——以中国湿地博物馆为例

王莹莹

（中国湿地博物馆）

【摘　要】作为社会教育场所，科技场馆是对学校教育的重要补充。其教育目标是通过为观众提供教育项目，培养其主动学习、发现问题、享受体验乐趣的良好习惯。通过在科技场馆中开展体验式探究教育项目，打造独具特色的学习情境，才能与青少年产生良性互动，达到引发其探索兴趣，提升学习能动性，促进健康成长的目的。环境教育是以人类与环境的关系为核心而进行的一项教育活动。作为湿地类专业博物馆，中国湿地博物馆开展以“西溪湿地环境教育”为主题的体验探究式教育活动，在传播湿地知识的同时积累了一定的实践经验。

【关键词】科技场馆　体验探究式　环境教育

科技场馆的学习是一种典型的人与环境发生作用的情境式学习。作为一个非强制性教育机构，其教育的目标不仅仅在于向观众传播了多少知识或信息，而是通过为观众提供教育项目，培养其主动学习、发现问题、享受体验乐趣的良好习惯。体验探究式教育项目的实施过程正是注重这一导向，告诉观众，特别是青少年和儿童，生活中有许多问题值得他们去探究和思考，他们可以通过观察、调研、讨论、查阅资料、动手制作等多种方式获得解决问题的途径[1]。体验探究式教育项目的兴起，是中国博物馆社会教育的新动向，为当代中国博物馆重视和突出文化传播、宣传教育功能，重新审视博物馆教育发展方向，凸显博物馆教育“项目化”的重要举措[2]。

一、科技场馆体验探究式教育项目的策划与设计原则

科技场馆通过开展形式多样、针对不同观众群体的体验探究式教育项目，帮助人们去体验、发现、欣赏、深化对自然和文化的理解。体验探究式教育项目的策划与设计，应遵循趣味性、竞技性、分众化和安全性四大原则。通过活动的设计，创造优质学习情境，调动青少年学生参与教育项目的积极性，并在活动中轻松体会、探究其中的科学原理与奥秘。

1.趣味性原则

因为没有全国统一教学大纲和课程教材的严格约束，在体验探究式教育项目的策划和设计上可以更加灵活，内容更加多样化，让学生“先玩后悟”，充分调动他们的积极性，提高他们的兴趣和注意力。

2.竞技性原则

在体验式教育项目的设计过程中，应结合中小学生好竞争，好竞赛的个性，发挥参与活动主体作用，有效地激发学生的责任感、进取精神和学习兴趣。通过以小组为单位进行的竞赛，让学生感受团队的协作精神。

3.分众化原则

分众就是区分受众，在项目设计中将教育信息及服务有针对性地传授给指定“受众群”。如针对学龄前儿童设计项目时，重点在于培养“玩中学”的兴趣和持久的注意力；对于小学生，应结合学校课程以及德育、美育教育，侧重培养其对于博物馆形象的认识和感知；对于中学生，应侧重利用博物馆教育资源，培养学生的理性认识与创新思维。

4.安全性原则

因各科技场馆的规模、环境不同，文物、展品、展项、设施的不同，具有一定挑战性的探究项目同时又具备一定的危险性。所以安全性原则是博物馆教育项目的设计者必须时刻牢记的。

二、国外博物馆体验探究式教育开展的优秀经验

在美国，体验式教育是一种非常重要的教育形式，教师鼓励学生提出问题、发表自己的见解。在纽约的各大博物馆里，经常能看到教师领着学生在博物馆上课。每个学生手里都有问题单，教师并非采用灌输式讲解，而是点到为止，让学生自行寻找答案。在一些艺术博物馆，教育项目的设计围绕观众通过体验学会如何去学习。正如印第安纳波利斯艺术博物馆教育负责人琳达·杜克(Linda Duke)指出的："博物馆的目标不是追求创造一个课堂环境，而是营造一个精心设计的学习体验场所"[3]。近日，美国博物馆联盟发布了《构建教育的未来：博物馆与学习生态系统》白皮书，报告中提供了一系列关键的数据。如美国博物馆每年为教育投入 20 亿美元；每年，博物馆提供了 1800 万小时的课程，包括为学生提供的导览、博物馆员工前往学校授课、科学大巴和其他巡展的校外活动，以及针对教师的专业发展课程等[4]。

英国博物馆经过近 20 年馆校结合的实践探索，已经形成较为成熟的体验探究式教育项目。英国自小学生起就有在博物馆上课的习惯，他们学习的课程会随着展陈内容的调整而重新设置，并自始至终地贯穿于青少年各个学习阶段。例如，将历史课放在古城切斯特(Chester)中的罗马古城内进行，当地工作人员打扮成古罗马士兵，穿着铁质盔甲，手持尖刺长枪，带领着一群由学校老师陪同的小学生。学生们饶有兴趣地听其讲解，并不时发问[5]。

俄罗斯的幼儿博物馆体验探究式的教学形式丰富多彩。如：展厅内的游戏和户外观察相交替，博物馆实景参观和观看幻灯片相结合，绘画既可以在博物馆画室内也可以在家中进行。在德国累斯顿卫生博物馆的通史陈列中，馆方设计了一组名为"体验老人"的互动项目：参观者通过一些特殊的工具，可以体验到老年人耳聋、眼花、手脚哆嗦和行动不便的生理特征，进而对人体科学产生兴趣，更加关爱老人。这样的互动，既激发了观众对展览的好奇心，又起到了良好的宣传作用[1]。

三、中国湿地博物馆体验探究式教育项目的相关实践

环境教育是以人类与环境的关系为核心而进行的一项教育活动。它是指借助教育的手段，使人们认识和了解环境问题并获得相应的知识、技能，从而改变人们的行为规范，最终达到环境污染治理的目的[6]。湿地生态环境教育是学校教育的重要组成部分，在引导学生全面看待湿地环境问题，培养其社会责任感和解决实际问题的能力、提高湿地环境素养等方面有着不可替代的作用。长期以来，湿地生态环境的教育过于注重环境知识的传授，而忽略了相应的价值观、技能及行为模式的培养，在培养公众和中小学生正确的环境伦理观和社会责任感，以及解决问题的能力等方面尤显薄弱[7]。

作为湿地类专业博物馆，中国湿地博物馆因地制宜，开展以湿地环境教育为主线的"西溪湿地环境教育活动"。我们通过大量借鉴国外，尤其是德国的环境教育经验，在注重严谨性与科学性的基础上，编制以体验、探究和趣味性为主的原创性西溪湿地环境教育活动方案，在传播湿地知识的同时，注重激发学生对湿地以及大自然的好奇心。

（一）西溪湿地环境教育活动的基本内容

项目基本内容分为主题教育活动与特殊教育活动两大类，均围绕湿地三大要素（水、水成土壤、适水生物）及其深层次的关系（如食物链、生态系统等）展开。所有活动设计均强调参与者在体验中学习和理解知识，培养创新思维与反思能力；通过集体活动增进交流与理解，形成正确的环境价值观，形成健康环保的生活习惯，增强湿地保护和可持续发展的意识。

其中，主题教育活动主要包括水、湿地土壤、湿地植物、湿地食物链、湿地可持续性利用、湿地处于危险之中、湿地相关创意制作等主题。每个主题又细分为多个子活动，活动方案介绍一般都包括活动内容、参与者人数、参与者年龄、时间、材料、准备工作和必要的场地条件等详细信息，活动组织者可依据上述信息灵活选择活动内容。如湿地食物链主题下，便有湿地生态瓶DIY（动手制作）、奔跑吧，虾兵蟹将（运动型游戏）、老鹰和喜鹊（知识测验）等类型丰富的子

活动，每个子活动可单独成行亦可根据课程设计自由组合；特殊教育活动则包括湿地一日探险、大型团队活动、引导残疾人、家庭引导、雨中即景以及夜行湿地六大方面，都围绕一个或多个主题展开，用以制定安排一整天的活动。

该项目自开展以来，除定期推出周末活动外，还与青少年夏令营、体验营活动充分融合，做到了小规模课程（15 人以下周末课程）与大规模活动（50 人左右学生团队）交替进行，受到了杭城中小学生的热烈响应。学生们在体验自然发生过程的同时，将意识到湿地资源和环境保护与人类的行为密切相关。同时，通过小组讨论、分组游戏等环节，鼓励学生体验与团队一起探索解决问题的方法，使其表达能力、组织协调与合作能力得到一定程度的锻炼与提高。

(二)西溪湿地环境教育活动课程方案举例——《微观湿界·生态瓶 DIY 课程》

1.教学目标

(1)教学对象：小学生、初中生。

(2)知识目标：了解水是湿地中不可或缺的要素；认识湿地水域中常见动、植物种类。

(3)能力目标：通过动手制作生态瓶，引导学生建立对食物链及生态循环的基本概念。

(4)情感目标：让学生用感官去感受湿地及湿地中的动、植物；体会集体学习、游戏和动手制作的愉悦。

2.体验内容

(1)带领学生进入西溪湿地，观察湿地中常见的水生动、植物种类。

(2)带领学生利用玻璃瓶、水草泥、鱼、虾、藻类等水生动、植物制作生态瓶。

(3)引导学生发现并探索生态瓶中蕴含的生态原理，向其介绍食物链及生态循环的基本概念。

3.湿地食物链游戏——奔跑吧，虾兵蟹将

引导学生自行编写简单的湿地食物链，结合时下流行的“撕名牌”游戏形式，将食物链中的动、植物角色赋予每个学生，让参与者通过奔跑与追逐的捕食游戏了解食物链是一个环环相扣、密切联系的系统。

4.课程总结

通过对课程参与者及陪同者（如家长、陪同教师等）等发放特定的调查问卷，对课程活动进行有效评价及总结。

四、中国湿地博物馆开展体验探究式教育项目的启示

（一）自然类博物馆具备开展环境教育活动的基础和条件

公众生态意识尤其是环境保护意识的培养主要是通过生态教育来实现的。自然博物馆是社会教育机构，普及生态学科学知识、树立生态道德观念和价值观念是自然博物馆义不容辞的责任。作为青少年学生的"第二课堂"，在自然博物馆内进行环境教育不仅是时代赋予的使命，也是真实存在的社会需求。

自然博物馆收藏有大量的自然标本和音像图片资料，这些标本和资料在培养公民生态意识和普及环境科学知识的宣传教育中发挥着重要的作用。通过举办各种形式的专题展览，不仅可以让观众了解丰富多彩的生命世界，还可以对因展示空间限制造成的展览内容舍弃进行补充，加强系统性的认识[8]。

不仅如此，自然博物馆还可以利用其他组织形式进行有关生态学知识和生态环境保护意识的宣传教育活动，如利用举办科普知识竞赛、科学家讲座、观众参与制作标本模型、编辑出版科普读物和建立网站等活动形式，调动公众主动参与的积极性，扩大社会教育覆盖面。利用馆藏的各种生物标本、古生物化石标本、矿物标本以及大量自然环境中生活着的动、植物种群或个体，开展如生物分类学、动物和植物的进化、生物物种的多样性、生命的起源、天体与地球的演化、资源及其有限性等与生态环境的变化与演替密不可分的生态教育活动。

（二）西溪湿地环境教育活动的相关经验总结

1. 注重建立活动评价体系

通过项目活动的开展，笔者发现，只有建立完善的项目活动评价体系，对活动执行效果进行定性和定量分析，才能为后续活动的科学、有效组织提供参考。在西溪湿地环境教育活动的开展过程中，针对活动组织者、直接参与者、陪同人员（老师或家长）以及活动观察者（站在第三方角度审视整个活动）等不同群体

都设计了调查表格，通过对发放表格的统计分析，可以对活动主题的新颖度、活动方案的可操作度、活动内容的科技特色以及活效果进行较为全面的评价。

此外，关于活动过程的评价应该注重学生在活动过程中的表现以及他们是如何解决问题的，只要学生经历了活动过程，对自然、社会和自我形成了一定的认知，获得了一定的体验和经验，就应该给予积极和正面的评价。以此为基础，进而对活动过程中学生发展情况进行评价，如学生参与活动的态度、创新精神的培养、知识技能的发展以及良好思想意识的发展，诸如环保意识、社会责任感、合作意识、服务意识等等进行深层次的评价。

(2)注重传播知识的方法技巧

在面向青少年儿童开展的湿地科普活动中，不应教条地进行单纯知识传授，尤其不要引入高深而晦涩的专业知识。可以尝试让参与者打开所有的感觉器官，去全方位地尽情体会大自然。比如：用眼罩蒙住眼睛，让参与者不仅仅通过视觉，也可以通过：触觉，比如触摸树皮或针叶树树枝；嗅觉，比如闻一闻苔藓植物、树桩、湿地中落叶；味觉，比如尝一尝水芹、蛇莓、野胡萝卜的味道(需注意饮食安全问题)；听觉，比如聆听鸟语婉转，水流潺潺，风声呼啸。此外，在一定的主题范围内，游戏、哑剧等娱乐性演示活动都能够进一步加强青少年参与者对主题的理解。

五、结论

兴趣对学习有着神奇的内驱动作用，尤其是对处于身心正在成长发展阶段的青少年儿童来说，兴趣更是起着主导的作用。科技场馆作为社会教育机构，担负着向青少年传播科学知识的重任。作为博物馆的科教工作者，应科学地利用博物馆情境学习的优势，创新教育内容和方式，通过开展形式多样的体验探究式教育项目，帮助青少年儿童去体验、发现、欣赏、深化对自然和文化的理解，为青少年的课外学习创造良好条件。

中国湿地博称馆环境教育活动(一)

中国湿地博称馆环境教育活动(二)

中国湿地博称馆环境教育活动(三)

中国湿地博称馆环境教育活动(四)

参考文献

[1] 兰国英. 在情境学习中激发青少年的探索兴趣[C] //中国科学技术协会. 第

十六届中国科协年会:分16以科学发展的新视野,努力创新科技教育内容论坛论文集. 昆明:2014:1-5.

[2] 姜冬青. 博物馆体验探究式教育项目研究[C]. //第十六届中国科协年会:分16以科学发展的新视野,努力创新科技教育内容论坛论文集[C]. 昆明:2014,1-5.

[3] 琳达·杜克. 博物馆参观:是一次体验,非一堂课[J]. 上海科技馆,2013,5(2):36.

[4] 湖南省博物馆(http://www.hnmuseum.com)

[5] 孙春福. 英国中小学教育考察散记[J]. 教育科研论坛(教师版),2005,4(31):74-76.

[6] 刘丹丹. 借鉴日本环境教育的成功经验构建我国环境教育模式[D]. 沈阳:辽宁师范大学,2006.

[7] 陈水华. 湿地环境教育手册[M]. 北京:中国林业出版社,2014.

[8]唐先华,陈颖,张义军. 自然博物馆与生态文明教育[C]//第十届中国科协年会论文集,2008:1744-1747.

关于专题展览展陈效果和综合效益的几点思考

——以中国湿地博物馆为例

陈博君

（中国湿地博物馆）

【摘　要】近年来，各种主题鲜明、形式多样、富于时代感的专题展览在各地博物馆不断推出，取得了很好的社会和经济效益。本文以中国湿地博物馆为例，结合其在策划和实施专题展览中积累的经验，以实践为基础，探讨如何进一步提升专题展览的展陈效果、提高专题展览的综合效益。这将有助于引起文博系统对专题展览的更大重视，推动这一研究和实践领域的更大发展。

【关键词】专题展览　展陈效果　综合效益

近年来，我国的文博事业取得了令人瞩目的成就，各种主题鲜明、形式多样、富于时代感的专题展览不断推出。据有关统计显示，全国博物馆每年举办的陈列展览已由2000年前的每年不足8 000场增长到每年约1万场，年观众量由1.2亿人次增长到2.5亿人次以上。特别是2008年以来，全国博物馆向社会免费开放，博物馆观众人数更是成倍增长，博物馆的陈列展览特别是专题展览的地位日益凸显，逐渐形成了博物馆长期性的基本陈列和临时性的专题展览共扛大局的一种展览新格局。

中国湿地博物馆开馆至今，在短短几年的时间里就聚集了超高的人气，累计入馆参观人数已超过600万人次，获得了很好的社会效益和口碑，其中很大程度上正是得益于不断举办各种专题展览，成功地吸引了社会和大众的关注。因此，总结这些专题展览的实践经验，探讨如何进一步提升专题展览的展陈效果、提高专题展览的综合效益，将有助于引起文博系统对专题展览的更大重视，推动这一研究和实践领域的更大发展。

一、中国湿地博物馆专题展览的实践

中国湿地博物馆建馆时间虽然不长，馆藏数量也还并不丰富，但是通过不断拓展和深化展览内涵、努力探索和创新办展模式，建馆至今已成功举办了50多场大小不一的专题展览，积累了宝贵的实践经验。其主要的专题展览方向有三个大类：自然环境类展览、生命科学类展览和人文艺术类展览。

（一）通过举办自然环境类展览展示湿地自然、魅力，倡导环境保护理念

中国湿地博物馆的专题展览以"湿地"为出发点和立足点，但又不故步自封于此，而是将展览的外延拓展到整个地球环境的保护，通过举办各种与自然环境相关的专题展览，来大力倡导环境保护理念。例如2010年11月举办的"自然结晶·湿地之魂"矿物精品展，展出了天然钻石原矿、绿松石、海蓝宝石等106件（组）全国首展的地矿精品标本，特别是三桌来自重庆、杭州等地的由矿物标本组成的"满汉全席"展品在展览上同台PK，令观众惊叹于大自然鬼斧神工般的造化；2011年10月，博物馆举办了"中国国际重要湿地展示会"，以图文并茂的展板形式，展出了甘肃尕海湿地、上海崇明东滩湿地、江苏溱湖湿地等41块被列入"国际重要湿地名录"的中国湿地，既让观众感受到了湿地自然风光的无穷魅力，又集中展示了全国各地在湿地保护管理中取得的成就；2012年12月举办的"中国最美湿地展"精心选择分布在祖国各地的湿地场景，并且通过"引景入馆"的方式将部分湿地的实时美景通过网络传输到展厅，展示了湿地美丽的自然风光和各种类型湿地的景观特点，让观众对展览的感觉不仅仅停留在馆内，而是延伸到了祖国各地，在感受美景的同时也促使共环境保护意识得到提升。此外，博物馆还举办了全国湿地风光摄影展、荷花主题摄影展、西溪湿地鸟类摄影展、低碳儿童画展、环保手工作品展等表现形式多样、展期在一周至半个月的短期专题展览，从不同的角度来倡导保护地球、保护环境、保护湿地的理念。

(二)通过举办生命科学类展览普及湿地知识,倡导湿地生物多样性保护

生物多样性是人类社会赖以生存和发展的基础,而湿地是维持生物多样性的摇篮和载体。通过举办各种旨在展示生物多样性的生命科学类展览,积极倡导社会大众的湿地生物多样性保护意识的方式,中国湿地博物馆从 2010 年至今做出了许多积极有效的尝试,共举办生命科学类展览十多场:例如"远古湿地·生命奇观"恐龙化石展,展出了天府峨眉龙、合川马门溪龙等 47 件来自远古时代的恐龙化石;"寻找湿地·生命足迹"非洲动物展,展出犀牛、斑马、长颈鹿等 100 多件"特有、珍稀、大型"的非洲动物标本;"神奇湿地·岩层秘影"辽西热河古生物化石展,展出了辽宁古果、小盗龙、神州鸟等 500 多件古生物化石标本;"神奇湿地·多彩生命"生物多样性展,展出各种动植物标本 200 多件,包含了昆虫、鱼类、植物、哺乳动物、爬行动物和无脊椎动物;"活力湿地·百变精灵"昆虫化石展,展出上百件具有代表性的昆虫化石标本。这些展览都能引起观众浓厚的兴趣,科普效果十分明显。

(三)通过举办人文艺术类展览展示湿地文化,倡导人类与湿地的和谐关系

湿地不仅是生命的摇篮,为人类提供了丰富的食物、清洁的水源和绚丽的自然景观,它还是人类文明的源头和文化传承的载体,孕育出了丰富灿烂的湿地文化。通过举办人文艺术类的专题展览,来展示多姿多彩的湿地文化,倡导人类与湿地理性共处的和谐关系,也是中国湿地博物馆努力开拓的一项工作。2011 年 11 月,以西溪文化为背景,博物馆举办了"水调浮家"西溪民俗文化展,生动再现了旧时西溪水乡渔事、农家桑蚕、婚庆嫁娶等场景,全面展现了西溪湿地的民俗事项,还原了西溪每一时代的历史面貌,唤起了人们对旧时光的美好追忆;2012 年 8 月,博物馆以荷文化为主题,举办了"清幽湿地·圣洁仙子"中国荷文化展,从荷花的认知、荷花与艺术、荷花与饮食医药、荷花与民俗宗教、荷花轶事传说等五个方面,对中国悠久的荷文化进行了全方位展示,实景、实物、图文、影像、视频、互动等多种手段的综合运用令观众大开眼界;今年年初我馆举办了"碧海遗琼·奇古绛树"珊瑚文化展,以珊瑚文化为切入点,用图文与造景

完美结合的方式来综合体现100余件珍稀珊瑚的生态美和文化美。展览通过对珊瑚历史文化的详细介绍，体现了珊瑚与人类文化生活息息相关，在宗教、服饰，抑或是艺术、诗歌，乃至医药等方面，珊瑚都在其中扮演着特殊的角色，让观众从文化视角重新解读了珊瑚物种，非常有新意。此外，博物馆还积极举办各种以“湿地”为主题创作的艺术展览，如中国国际当代优秀水彩画家提名展、“自然·收藏·记忆”环保艺术展、第九届全国少儿艺术展评获奖作品展、全国“爱鸟周”30周年生态书画展、景德镇美术大师湿地陶瓷艺术展、西溪书画展、全国少儿科普画展等，用各种艺术展览的形式，多方位展示丰富多彩的湿地文化。

二、提升专题展览展陈效果的思考

综观目前国内外博物馆的陈列展览，一般都是由基本的陈列展览和临时的专题展览两大部分构成。基本陈列展览通常是固定的、长期的，博物馆一旦建成，基本陈列展览的内容和形式就相对定型了，在短时期内是不可能更改的；而专题展览则是短期的、暂时的，多则半载数月、少则一周甚至几天就要更换内容。所以，尽管对于博物馆来说，基本陈列是基础，专题展览是补充，但真正能不断提升质量、吸引观众反复前来博物馆参观的，是专题展览而非基本陈列。因此，如何有效提升专题展览的展陈效果，是现代博物馆陈列展览工作创新和提升的重中之重。毫无疑问，要办出高水准的专题展览，必须精心选题、精心策划、精心设计、精工制作，只有善于从展览的内容和形式上大胆探索和创新，才能不断取得新的突破。

（一）突出主题内涵，营造相互关联的展览系列

对于专题展览而言，主题的选取十分关键。由于专题展览具有短期性和临时性的特点，很容易造成“热闹一阵，时过境迁”的结局，如何使众多的专题展览串珠成链，形成集聚效应，产生较为长久的影响力，很大程度上取决于展览的选题。鲜明的展览主题，不仅能有效吸引观众，提高每一场展览的人气，更有助于提升一座博物馆所有专题展览的整体效果。中国湿地博物馆是以湿地为主题的国家级专业博物馆，“湿地”毫无疑问是我馆最具特色的专业领域，因此，我馆

每年的各项专题展览项目，都紧紧围绕着“湿地”这个主题展开，从展览的名称，到展品的选择，再到内容的编排，以及场景的设计，都始终围绕“湿地”来做文章，使一个个原本相对独立的专题展览形成了相互关联的系列展览“整体作品”。这个“整体作品”包含了自然类的“湿地”系列展览和文史类的“湿地人文”系列展览两大部分，其中自然类的“湿地”系列展览包括 2010 年推出的恐龙化石展、非洲动物展、矿物精品展，2011 年推出的热河古生物化石展、海洋生物展和 2012 年推出的生物多样性展、昆虫化石展，这些展览的名称都紧扣“湿地”主题，并且体现了每个展览各自的特色；文史类的“湿地人文”系列展览包括 2011 年举办的“水调浮家”西溪民俗文化展、中国国际重要湿地展示会、景德镇美术大师湿地陶瓷艺术展和 2012 年已经举办的“清幽湿地 · 圣洁仙子”中国荷文化展，以及 2012 年举办的中国最美湿地展和“中西对话 · 画说西溪”西班牙获奖画家西溪湿地写生创作展等。这些内容各有侧重、表现形式各有不同的专题展览在“湿地”主题的统领下集结成群，既突出了鲜明的主题，又丰富和深化了展览的内涵。

（二）突破展厅局限，营造震撼夺目的主题场景

展板介绍＋展柜陈列，是被沿袭了多年的传统展览形式，这种形式虽然简便、直观，但单调、呆板，不易引起参观者的兴趣，唤起参观者的共鸣，与观众不断提高的欣赏水平和欣赏要求已不相适应。那么该如何创新展陈手段，在有限的时间和空间内创造出震撼的展陈效果，使观众与展览更好地交融起来呢？中国湿地博物馆的做法是突破展厅的空间限制，为每一场重点展览营造一个震撼夺目、能令观众有身临其境感受的主场景。中国湿地博物馆的临时展厅位于三楼，不利于观众的导入，而且展厅的空间有限，无法做出场面较大的展陈效果，于是我馆充分利用高度达 17m 的中庭空间，来配合专题展览造景，既吸引了观众留影互动，也为三楼的专题展览起到了很好的点题与引导作用。如恐龙化石展期间，在中庭搭建了一座 12m 高的山体，布置了 4 条巨型恐龙化石标本，其中一条合川马门溪龙长度达 22m，气势十分恢宏；非洲动物展期间，300 多平方米的中庭被布置成了非洲大草原的场景，30 头非洲狮以家族式集体出现在场景中，穿插了狮子王故事的情节化场景，给人催人奋进的感受；在海洋生物展期间，中庭则变成了海洋水族馆，近百种活体生物在大型水族箱中向观众尽展魅

力，与三楼专题展厅内的海洋生物塑化标本形成了交相辉映的效果；生物多样性展期间，博物馆中庭又出现了冰天雪地的北极景象，企鹅、海豹、北极熊等憨态可掬的极地生物为冰川世界增添了无限生机。这些配合展览设计的主场景，常常成为最受观众喜爱的展览部分，吸引大量参观者合影留念。

（三）增加参与项目，营造与参观者互动的氛围

随着人民生活水平的不断提高，现代观众对博物馆的要求已从对内容的满意和理性的满足层面，上升到了对形式的满意和感性的满足层面。因此，借助游戏、情景模拟等手段，增加参与项目，为参观者营造一个可以参加互动的氛围，将大大提高专题展览的趣味性、吸引力，使专题展览寓教于乐，为博物馆增添活力与生机。中国湿地博物馆在专题展览设计中，高度重视互动项目的有机编排，每次大型的专题展览，几乎都精心安排了与展览主题相吻合的互动项目。例如西溪民俗文化展设立了表演区，观众即可以欣赏源自西溪的越剧、武术表演，也可参与尝试织土布、制作清水丝绵、编织小花篮等传统技艺活动；海洋生物展期间，先后推出了湿地寻鱼、沙滩拾贝等游戏活动和海洋生物绘画、海洋生物艺术创作等体验活动；热河古生物化石展推出了修制标本演示、趣味科普拼图游戏、数恐龙活动比赛等互动项目；昆虫化石展布置了可供留影的活体动物展示区，展出了鼓翅鸣虫、老爷树蛙、绿鬃蜥蜴、蛙眼守宫等平时难得一见的活体小生物；中国荷文化展期间，推出了荷花品种鉴赏和文化赏析讲座、名荷美食表演、七夕放荷花灯、荷叶茶现场制作等活动，观众可在展览现场品尝藕粉、荷叶茶、荷花糕等美食，学一学杭州传统美食荷花糕的制作方法。这些丰富多彩的互动项目使每次的专题展览都变得更加有趣、更加贴近观众。

（四）打破传统界限，营造自然与文化交融境界

在传统的观念中，自然类博物馆和文史类博物馆有着泾渭分明的界限，反映到专题展览中，也可以看出这两类博物馆在展陈内容和手法上的明显差异。但是随着社会的日新月异，尤其是博物馆事业的快速发展，这种界限正在被逐渐打破，将自然与人文的内涵和形式交融起来进行专题展览的策展设计，可以有效提升展览的展陈效果，使展览内容变得更加丰富全面。如中国湿地博物馆

2012年举办的中国荷文化展，采用了“现代与古典相结合、人文与自然相结合、艺术与生活相结合、展示与互动相结合”的手法，将展览设置为“自然认知”与“人文展示”两大区域，“自然认知”区域位于博物馆的序厅和中庭。从博物馆的大门沿着长廊、序厅进入中庭，上百个品种的荷花详细标注着品名和特征，让游客在观赏的过程中体会荷花品种的多样性。进入中庭，一大片荷塘美景更是让人大开眼界，荷叶田田的荷塘亭台高筑，曲径回旋，悠扬的古筝伴随着清幽的荷香，令人仿佛置身大自然之中，直接感受到荷花造景之美。“人文展示”区域位于博物馆三楼专题展厅，通过图文、实物、影像、视频、互动等多种手段，从荷花的认知、荷花与艺术、荷花与饮食医药、荷花与民俗宗教、荷花轶事传说等五个方面，详细介绍了荷花的自然属性，以及中国荷文化的无穷魅力。这种全方位的展示，使观众对荷花有了更为全面的了解。同时，博物馆还积极尝试举办人文艺术类的展览，先后推出了一般认为历史类场馆才适合举办的西溪民俗展，以及多场适合美术类展馆举办的书画展、摄影展、手工艺作品展、陶瓷艺术品展等。事实证明，这类展览不仅很受观众欢迎，而且也使博物馆的专题展览变得更加丰富多彩，展陈效果得到了有效提升。

三、提高专题展览综合效益的思考

国际博物馆协会曾于1974年做出关于博物馆的定义，该定义将博物馆定性为非营利机构。目前我国的博物馆基本上都实行了免费开放，也都是在走非营利机构这条道路。因此，有人就认为，博物馆只要讲求社会效益即可，其他效益可以免谈，这其实是认识上的一种偏颇。“非营利机构”强调的是“博物馆是代表社会最广大民众利益的社会公益事业机构”这一基本性质，而并非对博物馆具体运作方式和组织行为的简单规定。比如我们在组织专题展览的过程中，除了要考虑如何保证其视觉效果，以达到最好的社会效益之外，完全应该开拓思路，提高其综合效益。

(一)借助各类平台办展,提高展览的社会效益

博物馆的专题展览具有局部和临时性的特点,这些活动必须服从、服务于博物馆的基本目的,也就是社会公益性,实现并扩展其社会效益。因此,中国湿地博物馆除了基本陈列实行免费参观外,所有临时举办的专题展览也全部实行免费参观。但是仅靠这一举措,社会效益的潜力其实还远未被完全挖掘出来。如果能将局部的临时性展览打包放进一个更高更广的平台,那么其社会影响力必将极大提升,社会效益才能实现更大化。按照这样的思路,中国湿地博物馆在办展过程中摈弃闷头办展的做法,抓住各种平台和机会推介专题展览,使每一个展览都办出动静。例如西湖博览会,是杭州市政府重点打造的综合性盛大会展,所有列入西博会的展览与活动都将得到杭州市政府的大力推介。中国湿地博物馆通过积极申报,2010年的"自然结晶·湿地之魂"矿物精品展、2011年的"神奇湿地·生命奇观"海洋生物展和2012年的"清幽湿地·圣洁仙子"中国荷文化展都成功列入西博会的正式项目。2012年的中国荷文化除了成为西博会项目,还被列入"2012杭州西湖·诸暨西施故里荷花会",成为2012年夏季杭州主推的特色活动之一。此外,博物馆还加强了与新闻媒体的合作,每次大型专题展览推出,《杭州日报》《钱江晚报》等都会进行大篇幅的报道,有效地吸引了市民和游客的注意力,因此每次专题展览推出期间,观众都会大幅飙升,博物馆的宣传、教育的对象自然大大增加,社会效益明显提高。

(二)拓展运作模式办展,提升展览的经济效益

博物馆作为非营利性的公益机构,不需要也不适合直接从事经营创收的活动,但是,这并不等于博物馆就可以完全不考虑经济效益的问题。事实上,只要能开拓思路,完全可以通过举办各种精彩的专题展览,来创造可观的经济效益。中国湿地博物馆开馆两年多来,一方面通过不断举办各种专题展览,成功地聚集起了旺盛的人气,促进了周边西溪湿地旅客的增加和西溪天堂的商业发展,为西溪湿地整体的经济发展做出了贡献。这种对商业和旅游业的推进作用,就是专题展览经济效益的一种体现;另一方面,博物馆还积极探索"零成本"办展模式,充分利用一流的场馆和展厅优势,主动出击,策划和承揽由其他单位出资

布展的专题展览。如2011年举办的“中国国际重要湿地展示会”,全部由参展的各家湿地提供布展经费,由博物馆统一制作实施,既为财政节约了资金,也保证了布展效果。采用类似的方法,我馆还与西泠印社合作,举办了中国国际当代优秀水彩画家提名展;与浙江省林业厅合作,举办了全国“爱鸟周”30周年生态书画展;与景德镇工艺美术大师合作,举办了湿地陶瓷艺术展;等等。当然,博物馆所创造的这些经济效益都是间接的,但这些间接的经济效益同样有价值,同样值得去努力。特别是“零成本”办展模式的成功实践,有效突破了办展资金不足的制约,大大拓宽了专题展览的办展路子。

(三)结合艺术创作办展,提留展览的衍生效益

在注重专题展览的社会效益和经济效益的同时,博物馆还应该进一步解放思想,积极思考如何通过举办各种创新性、创造性的专题展览,使专题展览在社会和经济效益之外再产生更多的衍生效益,实现办展综合效益的最大化。在这方面,中国湿地博物馆也摸索出了一条自己的路子,那就是结合艺术创作办展,来提高展览的衍生效益。具体的做法就是与各种门类的艺术家广泛合作,邀请他们围绕“湿地”主题进行专题创作,并将创作的作品布置成专题展览展出,这既丰富了展览的形式和内容,又有效提升了艺术家的知名度。而作为回报,部分展出的艺术作品将在展览结束后由参展艺术家无偿捐赠给博物馆永久收藏。通过这种方式,博物馆可以无偿征集到符合自己需要的当代艺术藏品,有效提高馆藏品的数量和质量。2011年,中国湿地博物馆通过与景德镇工艺美术大师合作,不仅“零成本”举办了湿地陶瓷艺术展,还无偿征集到了18件以湿地风光和湿地生物为主题的精美陶瓷工艺品;2012年,博物馆还借助《美术报》的力量,组织了“中西对话·画说西溪”西班牙获奖画家西溪湿地写生创作展,展览结束后,又将一批由西班牙顶级油画家创作的反映西溪湿地风貌的油画作品无偿入馆收藏。通过这样的方式,随着专题展览次数的不断增加,展览的衍生效益不断被提升,博物馆就可以在不花一分征集费的情况下,使馆藏不断得到丰富。

科普场馆4D影院建设的探讨

郑为贵

（中国湿地博物馆）

【摘　要】鉴于4D影院的强大展示功能，现代科普场馆越来越多地将4D影院建设纳入整体展示设计中，以营造全新的观众参观体验。本文首先阐述了科博场馆4D影院建设的总体设计原则，然后介绍了4D影院系统集成过程中需遵循的原则，重点分析了3D放映系统和4D动感座椅选型的注意事项，最后以中国湿地博物馆4D影院为例阐述了其设计和系统集成方案。

【关键词】4D影院建设　设计原则　系统集成　3D放映　4D动感座椅

引　言

现代科技日新月异，4D影院的应用范围已相当广泛。4D影院也越来越多地出现在博物馆、科技馆、纪念馆、艺术馆、水族馆等主题内容阐释机构的展示设计中，以营造全新的观众参观体验。那么什么是4D影院呢？

4D影院又称“4维影院”，4D影院是在3D影院的基础上加入环境特效与4D动感座椅系统而组成的新型影视产品，它做的是一个“加法”，即在立体画面效果之外增添了身临其境的环境特效和4D座椅特效。观众在观看立体电影时，除了立体的视觉画面外，还能实时感受到闪电、烟雾、雪花、气味等自然现象，观众的座椅还能产生下坠、震动、喷风、喷水、扫腿等动作。这些现场特技效果和立体画面与剧情紧密结合，在视觉和身体体验上给观众带来身临其境和紧张刺激的娱乐效果，实现了寓教于乐的目的。

要想建设一个展示效果良好的4D影院，关键在于谙通其总体设计原则和系统集成原则及方案。

一、总体设计原则

4D影院总体设计首先要根据所投的资金数量和观众席的多少，规划其建设规模的大小。4D影院按银幕显示形式分为平幕4D影院、环幕4D影院和球幕4D影院。平幕4D影院因其影片具有较多的片源，更有利于后期影片的及时更新和相互交流，性价比较高，因而目前被大多数4D影院所采用。

在确定了4D影院的建设规模和总体形式后，接下来就要开始考虑影厅设计、观众席设计、放映室设计和附属设备间设计[1]。

（一）影厅设计

影厅设计要根据建设规模的观众席多少来确定影院尺寸，影厅根据选定的指标，设计圆柱形或长方形影院。

影厅设计要控制好混响时间，影厅内的混响时间过短，会使音质干湿、力度感差，较大的影厅中缺少混响声能，无法调节声场均匀度。一般建议容积为1 000m^3以下的影厅可取“标准”规定混响时间的中上限值，容积为1 000m^3—3 000m^3影厅取其中值，大于3 000m^3的影厅可取其中下限值。对于体积较大的影厅，建议将地面坡度提升到一定高度，增加主声道直达声对观众席的掠射面，同时要适当地控制吊顶的形状与高度，扩大扩散面，这样可减小影厅容积，也有利于混响时间的控制。

影厅设计要降低本底噪声，控制本底噪声必须从源头抓起，首要的是隔声、隔振与降低空调噪声。在影厅设计中，必须要阻止噪声从厅外传至厅内，隔墙、顶棚与门的隔声，许多影厅受结构限制，不能采用砖墙结构，而使用轻质隔墙，隔声效果相对较差（例如双层石膏板，中空80mm的隔墙，其计权隔声量也仅有44dB），就可采用双层轻质砖墙结构，外层再加轻钢龙骨纸面石膏板，或是中间一道轻质砖墙，外两层为纸面石膏板，且这两种隔墙结构中间均留有80—100mm空腔，内填岩棉，这类结构可使整体隔声量增至60dB以上。采用轻质结构隔声墙，势必会增加墙体厚度，这点应予注意，所有隔墙必须与顶部紧密连接，避免噪声由此侵入。出于消防安全疏散的要求，每个影厅至少有两个以上的门，这是影厅隔声的薄弱环节，要求所有出、入口均设置有弯道出、入口，避免干扰声的直接侵入，有条件的影院，每一出、入口均可设置两门，构成“声闸”，提高隔声效果。另外可以在空调出风口和风管上安装消音器和减震器来降低空调噪声[2]。

（二）观众席设计

因为4D影院观众座椅是带自由度运动的特效座椅，所以座椅的数量定下后，应以影厅中心为基准向前后左右分布，根据设计在座椅下方预留管槽，预埋管路和线槽。

观众席座椅应有足够的地面提升坡度，确保无遮挡视线设计，标准规定视线超高值应大于12cm，这个要求非常重要，实际设计中，应根据银幕的最低视点高度来确定理想的视线最高值。建筑条件许可下，平均视线超高值宜大于15cm，可设计为从前排至后排呈逐级升高趋势的台阶式地面，这对直接改善观众的视觉条件与听觉条件均大为有益，实现全场完全无遮挡。

另外座椅的舒适性与观赏性效果要好，排距、座距、每排视线超高值、视点高度均为影院设计重要参数。排距的宽窄不仅影响到观众观看电影的舒适度，而且对观众的行走与疏散亦十分重要，4D影院特效座椅系统采用固定式座椅排距宜在1.15—1.2m。

（三）放映室设计

放映室的空间根据选定的指标来确定：如果采用环形放映形式，放映室的进深应不小于3m，高度不小于2.5m；如果采用平面投影形式，放映室的空间不用太大，只要能放下两台放映机和循环片柜即可。

在放映机镜头前留放映窗口和检视窗口。检视窗口的尺寸一般为300mm×300mm和放映窗口水平，具体高度根据放映机仰俯角来计算。

因为放映室的机器对温度和湿度的要求比较苛刻，所以根据4D影院的环境温度和湿度应增加空调、加湿机或除湿机来调节室内温度（20—24℃）和湿度

(40%—60%)。

(四)附属设备间设计

附属设备间主要包括音响控制柜、电源配电柜、特效控制柜等，墙壁应做好隔声隔振措施，防止杂音传入影厅。

如果采用气动特效座椅，那就需要增加气泵房，气泵房内主要放置空压机、储气罐等设备，为了安全和减少噪音，气泵房一定要做隔离、强吸声处理，宜单独放置并封闭。

如果采用液压特效座椅，那就需要增加放置液压泵、蓄能器等动力设备的设备间，由于液压泵站存在渗漏油甚至爆管的可能，危险性极高，它工作时也会产生高频噪音，为了安全和减少噪音，应通过采用吸声、隔声、消声等一系列技术手段来降低噪声，且设备间宜单独放置并封闭。

二、系统集成

(一)原则

在完成了总体设计后，接下来将要进行系统集成，系统集成应遵循实用性、可靠性、开放性、扩展性、先进性、灵活性、易操作性和易维护性八大原则。

其中实用性和可靠性就是从实际需求出发，可靠实用。采用的技术手段要具有先进性，但必须成熟。尽量选用主流的工业产品以降低开发和应用过程中的风险，并且具有完整的文档资料和相对便宜的价格。软件系统必须经严格测试，并有成功的应用经验。

开放性和扩展性就是系统具有可扩展性，兼容流行技术趋势，各功能房间的设备具有一定的互换性。具有开放的数据通信媒介接口，支持多媒体技术，便于系统的智能集成，适应未来技术的发展，不断提供增值服务。

先进性和灵活性就是在可能的预算范围内考虑率先采用国内外业已成熟的先进技术和产品，以适应不断革新的趋势，并利于向更高水准的系统平台升级。

易操作性和易维护性就是根据不同的实际使用情况，针对操作人员的专业水平，由系统采用不同的操作方式，让系统发挥最佳的效果。

以上原则应用到具体设备选型上就是在满足设备技术参数指标的前提下，选用知名品牌并通过2—3年实践验证，为广大技术人员所认同的高可靠性产品（系统），并保证所选器材、设备接口的一致性，系统的控制界面必须简单明了，并具有场景预设功能，选择满足上述要求的产品及系统，达到可靠性、实用性、易维护性与先进性很好的结合。

（二）方案

4D影院系统组成如图1所示，4D影院主要包括以下几个部分：3D放映系统、4D座椅、控制器、环境特效、音响系统和交互影院控制及检测系统（系统备选）。4D影院系统集成的重点是3D放映系统和4D动感特效系统的选型和集成。

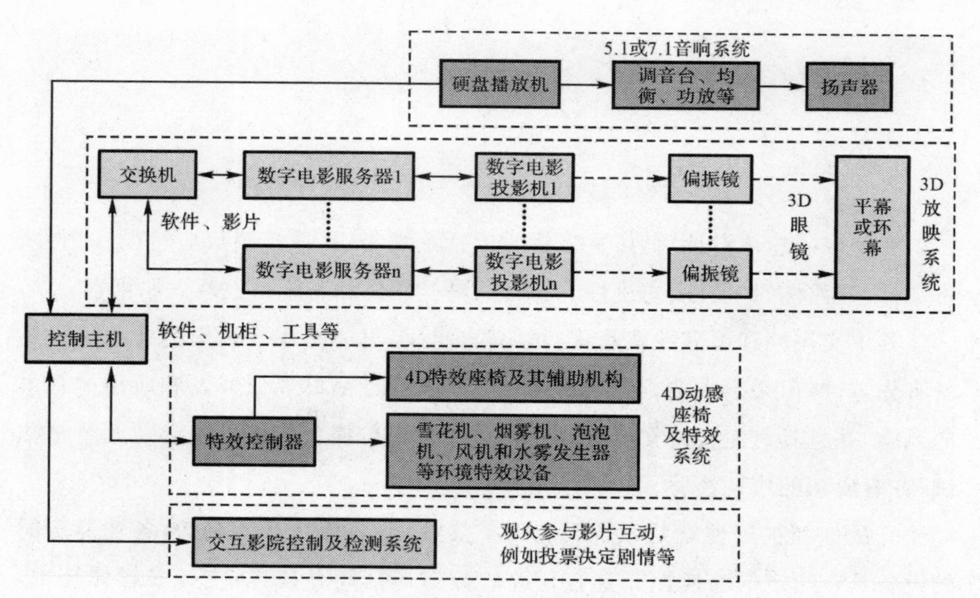

图1　4D影院系统组成原理图

1. 3D放映系统

4D影院的3D放映技术目前比较流行的主要有主动快门式、单机偏振式和双机偏振式，下面分别简述其原理及特点。

主动快门式3D成像技术是通过改变画面的刷新率来实现3D效果的，通过把120Hz或60Hz的图像拆分为两个60Hz或30Hz，形成对应左眼和右眼的两组画面，持续交织显示出来，同时红外信号发射器将同步把持快门式3D眼镜的左右镜片开关，使左、右双眼能够在准确的时刻看到相应画面。虽然主动快门式降低了刷新率，但不降低画质，每只眼睛看到的都是完整分辨率的图像，所以主动快门式能够坚持画面的原始辨别率，残影少、3D效果突出，光利用率相对比其他立体放映技术高(约16%)，但液晶眼镜的价格较高，目前市场价约为60—400美元一副，运营成本较高。

单机偏振式是一种影院常见的3D放映技术，也是目前商业影院中使用最多的一种技术，单机偏振立体成像原理如图2所示。偏振式单机3D系统采用圆偏振技术，采用电子方式高速切换偏振极性，实现左右眼图像的分离，通过同步信号处理器，让左眼只能看到左眼图像，右眼只能看到右眼图像，从而实现单机3D效果。单机偏振的优点也是比较明显的：画质清晰，眼镜轻巧，长时间观看影像毫无疲劳感，影院后期维护成本低等。单机偏振式虽然不损失刷新率，但分辨率减半，它把2048×1280分辨率的图像通过隔行显示的方法拆分成两个2048×640的图像(上下半宽)，左眼只能看到奇数行的图像，右眼只能看到偶数行的图像。或者是拆分成1024×1280的图像(左右半宽)，左眼只能看到奇数列的图像，右眼只能看到偶数列的图像，既然分辨率减半了，那画面就避免不了拉丝感，亮度损失也比较多。

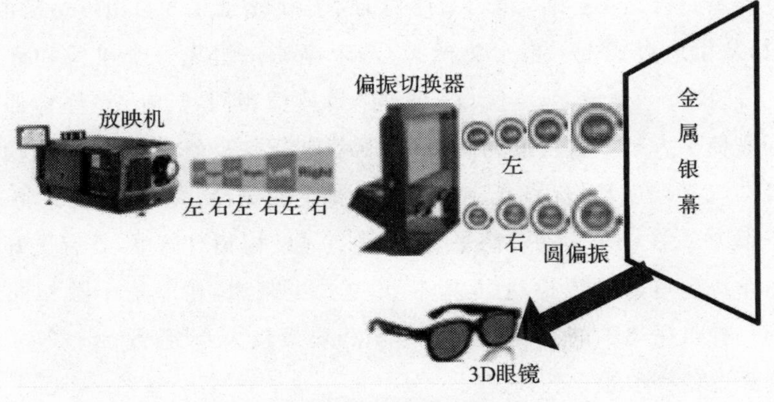

图2 单机偏振立体成像原理图

双机偏振式也是一种影院常见的3D放映技术，双机偏振立体成像原理如

图3所示，采用两台放映机和播放器分别播放左右眼画面，通过偏振镜和金属银幕为左右眼提供不同方向偏振的光线，观众戴上偏振眼镜，左右眼看到不同的画面，产生立体效果。双机放映的设备一次性投入高，需要注意的是，由于立体电影的特殊性质，影片经过分光后亮度降低超过50%，因此要求使用高增益系数的金属银幕，但偏振眼镜的价格较低，运营成本低，光利用率相对比其他立体放映技术高(约38%)，双机放映因其较高的光利用率和低廉的运营成本，成为目前比较流行的3D放映方式。

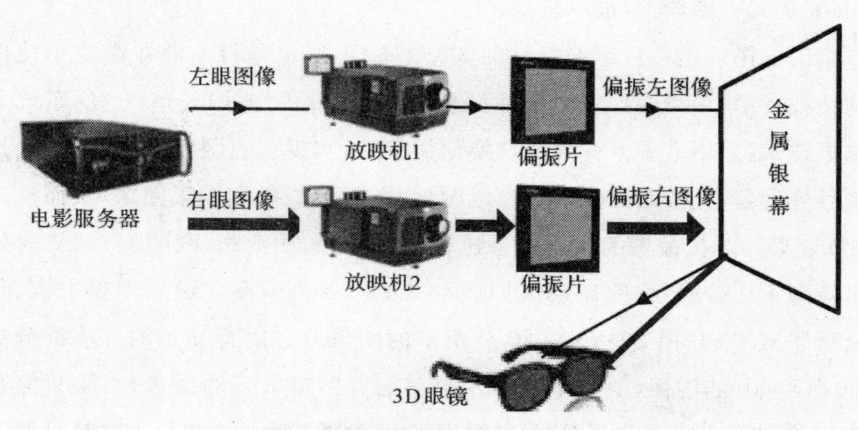

图3 双机偏振立体成像原理图

2. 4D动感特效系统

4D动感特效系统主要包括4D动感座椅、4D环境特效和特效控制软件。

4D动感座椅是在普通4D特效座椅的基础上增加了3自由度运动能力，4D动感座椅从组成形式上一般分为两类：两个座椅一组为一个单元和动感平台式。两个座椅为一个单元，座椅与普通的4D座椅相同，具有4D座椅的所有特效功能，座椅下方是3自由度动感设备，驱动座椅在3个轴向运动，驱动方式可以是液压，气动或电动，优点是应用和造价都比较灵活。动感平台式将20～40个4D座椅放置在一个大的动感平台上，优点是结构相对简单，具有更好的系统稳定性，系统也更容易维护，且运动幅度更大更刺激，在座椅个数相同的情况下，比第一种占用更少的空间。由于体积和质量较大，动感平台一般采用液压驱动，因而造价一般也比较高。

4D动感座椅从动感驱动方式上分为三种：电动、气动和液压。其中电动4D座椅的动力源为电力，关键部件为电动缸、伺服电机，不需要设备间，电动

4D座椅响应迅捷，定位精准，动作细腻，但动力不及液动强劲，且缺乏爆发力；气动4D座椅的动力源为空压机，关键部件为气囊、比例阀(高端)或电磁阀(中端)，需要在设备间放置空压机、储水罐等设备，气动4D座椅运动幅度大，响应速度快，爆发力强，精准度高，观看4D动作电影时较为刺激，但动作细腻程度不及电动4D座椅；液压4D座椅的动力源为液压泵站，关键部件为油缸、伺服阀(高端)或换向阀(低端)，需要在设备间放置液压泵、蓄能器等设备；液动4D座椅响应迅捷，动力强劲，爆发力强，定位精准度和动作细腻程度不及电动4D座椅。从价格、环保性、施工周期及复杂度、后期维护成本、功耗及寿命等角度列出了以上三种座椅的性能对比，如表1所示。

表1 三种座椅性能对比

座椅类型	价 格	环保性	施工周期及复杂度	后期维护成本	功耗及寿命
电功4D座椅	1.7万元—2.2万元/座	无毒 无危险 无噪音	5个工作日，前期基础工程的复杂度低	需要具备电气和伺服调试知识的专业人员维修，成本较高	耗电量最低，寿命一般
气功4D座椅	1.0万元—1.6万元/座	无毒有一定危险隐患，空压机工作有高频噪音	15个工作日，需要铺设水气管网，工程较为复杂	日常维护空压机，维护成本低	空压机功耗较高，寿命最高
液压4D座椅	2.0万元—2.6万元/座	高温有毒，存在渗漏油甚至爆管的危险，工作是也有高频噪音	10个工作日，由专业人员铺设不锈钢无缝液压钢管管网，最复杂	液压油每两年需有专业人员更换一次，维护成本很高	液压泵须满负荷运转，耗电量极大，寿命较低

环境特效系统对环境进行模拟，包括气泡、烟雾、闪电、雪花、刮风、下雨、互动表决等特效。环境特效主要设备有水雾发生器、烟雾机、泡泡机、雪花机和频闪灯等。环境特效设备的安装应注意尽量隐蔽，以便给观众足够的神秘感，同时还要做好对环境特效设备的隔音处理。

特效控制软件是控制核心，用于控制和整合电影服务器、特效硬件控制器、放映机等，对声、画、特效座椅、环境特效等设备进行同步控制。特效控制软件通过对数字影片数据的提取，专门软件解析，通过服务器处理，把数据装载到特效硬件控制器上进行后续处理，特效硬件控制器把开关量及模拟量的采集构成闭环实时控制，保证同步性和实时性，同步指标应控制在1帧以内。

(三)应用实例

中国湿地博物馆4D动感影院影厅设计成长方形平面放映影院，按照50个座位标准设计，影厅面积约200m²，影厅内做隔音处理，无外界声音干扰，具有良好的吸音效果。观众厅内墙面贴深色吸音板，地面采用深色防静电地毯或塑胶板，顶部设声学悬挂体，银幕后面的墙面做强吸声处理。设备间的装修满足吸声、减振。其中气泵室做了隔离、强吸声处理。在投影机、气泵房、通风或空气调节系统均开启时，空场观众席的噪声级不超过40dB(A)。所有面向观众厅的门均做软包处理[3]，系统结构如图4所示。

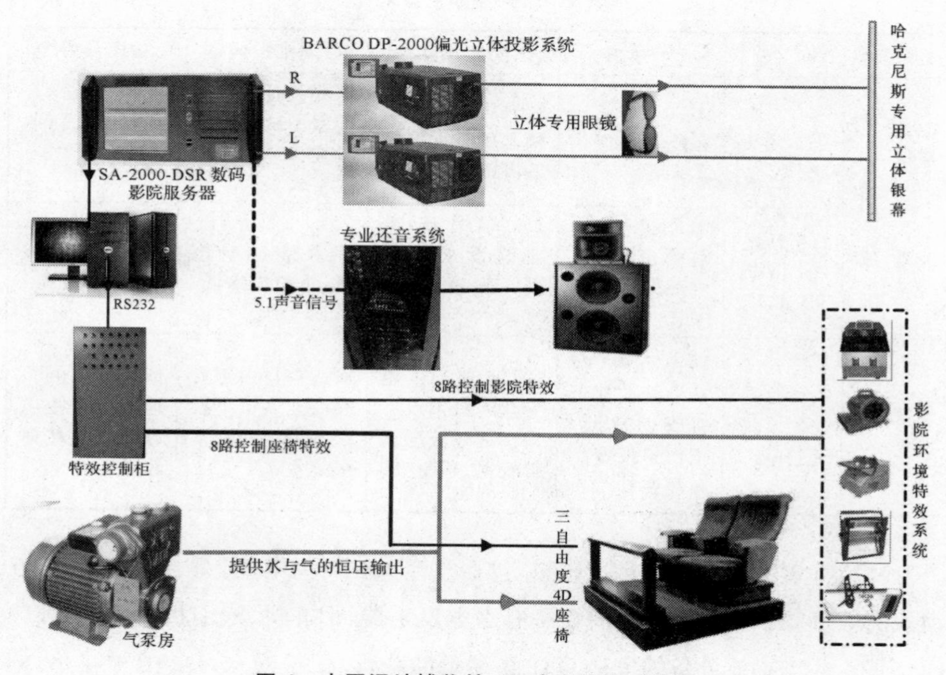

图4 中国湿地博物馆4D动感影院系统图

由图4可见，该影院主要由3D立体放映系统、5.1音响系统、计算机控制系统和动感特效座椅与特效设备组成。其中3D立体放映系统采用两台BARCO的放映机偏振和GDC的数码影院服务器播放来实现，银幕采用英国哈克尼斯仿真专用Spectral240 3D屏幕，该屏幕具有特殊的铝涂层，提供了极其良好的立体放映性能，增益高达2.8；动感座椅采用两个气动座椅一组为一个单元，通过安全带来控制动感座椅的开关，只有当安全带处于扣合状态时，该组座椅才能通过动力装置实现运动，这样在观众不能坐满的情况下就能有效减少设备的磨损和电力的消耗。6个独立音源构成完全独立的5.1声道环绕立体声音响系统，达到高保真的音响还原效果。经调音台、均衡器后期处理后，再通过大功率公放推动影院内各位置的专业级音响[4]，该音响系统以听音区的平均声压级计，最大声压级为：主声道每一路127dB，次低频126dB；环绕声111dB，音响输出最大额定总功率约为6000 W，影院满场最大响度约为103db，系统信噪比>98db，系统频率响应为20Hz—20KHz(±3dB)，影院的本底噪声≤NR35，混响时间在0.4—0.8s，整个音响系统高音明亮，中音通透，环绕声场定位准确、具有穿透效果，超重低音震撼、澎湃。

当影片开始播放时，数码影院服务器会发送一个同步信号给主控电脑，然后再由主控电脑设定的程序控制特效控制柜来实现对环境特效和座椅特效的自动化控制，实现画面和效果完全同步，与此同时数码影院服务器将影片的声音信号通过数模采集转换装置传输到音效控制柜来实现声音和画面的完全同步。整套特效控制系统能较好兼容第三方影片，开放特效控制系统代码，响应时间在ms级，动作响应非常及时，保证系统的调试同步性，整套特效控制系统可靠性高，无安全隐患。

(四)结论

针对科普场馆4D影院建设项目的实施重点和难点，本文提出了有效的总体设计原则和系统集成原则及解决方案，介绍了中国湿地博物馆4D动感影院系统集成方案，该方案很好地遵循了文中提出的总体设计原则和系统集成原则，取得了很好的展示效果，具有极大的参考价值和市场应用前景。

参考文献

[1] 马世恩.浅谈科技馆4D影院建设[C]//中国科协学术论文集，2005.

[2] 沈建国.论影院背景噪声及其控制[J].影视技术，2000(9).

[3] 项端祈.实用建筑声学[M].北京：中国建筑工业出版社，1992.

[4] 杨宝鸿.电影院的声学设计[J].电声技术，2005(8).

浅谈湿地类博物馆利用新媒体推进青少年教育

——以中国湿地博物馆为例

彭 耐

（中国湿地博物馆）

【摘 要】随着互联网信息技术的迅速发展，以微博、微信为代表的新媒体异军突起，日益改变着当代青年的生活、行为和交流方式。青少年科普教育是湿地类博物馆承担的一大职责，如何借助新媒体简单、快速、高效的传播模式，更好地开展青少年教育，是湿地类博物馆纷纷开通微博、微信等公共宣传平台后需要进一步解决的问题。本文将以中国湿地博物馆为例，通过对以微博、微信为代表的新媒体特点的分析，提出湿地类博物馆利用新媒体推进青少年教育的重点工作。

【关键词】湿地类博物馆 新媒体 青少年教育

随着互联网信息技术的迅速发展，以微博、微信为代表的新媒体异军突起，与传统报纸杂志及新闻网站相比，依托于电脑、手机等互联网设备的新媒体具有传播速度快、内容限制少、互动性强的优势，人人都可以通过微信、微博分享身边发生的新鲜事物或者关注焦点，并抒发自我情感以及对社会事件的看法。短短几年时间，新媒体已广泛渗入到青少年生活的各方面，日益改变着当代青年的生活、行为和交流方式，尤其是在新媒体背景下成长起来的90后一代，普遍喜欢通过微博、微信广泛化、碎片化地获取信息，新媒体成了他们工作和生活的重要组成部分。

青少年科普教育是湿地类博物馆承担的一大职责，为借助新媒体简单、快速、高效的传播模式，更好地开展青少年教育，许多湿地类博物馆在都开设网站的基础上，开通了微博、微信，并获得了许多青少年朋友的支持。

一、湿地类博物馆新媒体的现状

自媒体的运用与发展，为湿地类博物馆开展青少科普工作带来了许多优势：

1. 提高时间利用效率。传统的博物馆教育，需受教育者亲自去博物馆观看展品，阅读文字说明，往往需要大量的时间，而大部分青少年都是在校学生，功课繁重，除了节假日外，很难安排时间参观博物馆。而新媒体的出现，为博物馆观众提供了收集、分享、交流的平台。在微博和微信上，学生们可以利用空余时间，打开微信、微博，轻松获取博物馆推送的最新展览资讯，接受科普教育，化零为整；而博物馆也可以直接地收到观众反馈，了解观众需求，提高时间的利用率。

2. 丰富内容表现形式。传统的博物馆科普教育，一般都是观看展品、阅读专业文字说明，缺少互动和吸引力。而微博、微信所承载的全面的媒体功能更为青少年人喜闻乐见，充分利用图文、语音、影音等多种载体让传统教育变得生动形象、内容鲜活，也更加吸引青少年人投入其中。

3. 充分展示博物馆特色。受时间所限，观众参观博物馆，只能参观当前展览，内容单一；而博物馆所拥有的藏品也因空间所限不能一次性为观众展示出来。而运用网络新媒体资源，博物馆可以构建微型博物馆，让观众检索到历年展览，和众多"已下线"藏品。

4. 运用网言网语拉近距离。博物馆的微信、微博用"卖萌"的网言网语与青少年朋友沟通，可以增加博物馆在青少年群体中的亲和力，颠覆人们对传统博物馆"高高在上""不食人间烟火""严肃说教"的印象，拉近博物馆和青少年朋友的心理距离，增加青少年参观博物馆，参与博物馆活动的兴趣，提高自身活力形象[1]。

尽管湿地类博物馆在通过微博、微信等新媒体开展青少年教育的尝试中取得了明显的成效，但综观全国湿地场馆的两微建设，我们同样可以发现存在不少问题，归纳起来有以下几点：

1. 微博、微信活跃程度低。浏览部分湿地博物馆的官方微博、微信，可以看到许多微博、微信更新较慢，信息发布没有规律性，有些博物馆最新一条微博还是一个月前发布的。这些微博、微信在内容设置上也较为单一，只是将两者作为馆内活动的通告平台，缺少互动交流，对展览的描述也趋于学术化，容易令读者产生展览很枯燥，以及过于"高大上"的感觉，无法激发观众，尤其是崇尚好玩、个性的青少年朋友的参观兴趣。

2. 微博、微信运营不稳定。微博的运营和管理需要以一定的时间和精力为基础。而湿地类博物馆大多属于中小型博物馆，工作人员较少。开设两微，一方面拓展了博物馆的宣传途径，另一方面也加重了工作人员的工作量，因此在运营方面常显得心有余而力不足。由于不能及时更新博物馆新闻，往往导致信息断层现象的出现。

3. "人气"不足影响信息传播。与国家博物馆等拥有数十万乃至上百万关注量的大型博物馆相比，湿地类博物馆的"粉丝"数基本在千人左右，显得有些"人气"不足。有些湿地博物馆的信息更新速度很快，但发布的信息却因为没有被及时关注、转发，无法实现裂变式传播，最终很快就淹没在其他海量的信息中，失去了微博信息传播的及时性和有效性，无法实现预期效果。

二、湿地类博物馆利用新媒体做好青少年教育的重点工作

青少年人的思想具有独立性、多变性和差异性，传统的博物馆科普活动存在着过于严肃、学术，以及方式单一固化的情况，容易对青少年群体失去吸引力。而微博、微信新媒体工具的应用便凸显其优势。

（一）突出临时展览看点，激发青少年观展热情

举办临时展览是每个博物馆保持自身活力的最重要途径，利用微博微信发布临展消息，可以通过视频、图片、文字的结合，突出临时展览的看点，让青少年被我们举办的展览所吸引，进而主动来学习展览所要传授给他们的湿地知识。

例如，中国湿地博物馆在2012年举办的"清幽湿地·圣洁仙子"——中国

荷文化展的微信推广宣传中，突出了博物馆在现场布置的由上百个品种的荷花组成的荷塘美景，并介绍了其中所用的荷花，基本都是由社会上招募来的青少年亲手栽种培育的，孩子们在培育这些荷花的过程中全程观察了荷花的生长过程[2]。

在2015年1月“碧海遗琼·奇古绛树”——珊瑚文化展期间，中国湿地博物馆微信平台发布了“【湿博头条】冬日暖阳，来湿地博物馆看五彩斑斓的‘树’”“【湿博展览】美哭了！这样的展览你还不来吗？”“【湿博头条】珊瑚展你去了吗？有人说美翻了！还有嫚嫚的珊瑚手钏同步上线”等口语化又亲切有趣的消息，除了图文介绍展览中的珊瑚之外，还发布视频预告片，以多种手段吸引眼球。

2015湿地主题少儿绘画大赛颁奖仪式，暨“跟着童画游湿地”获奖作品展的开幕仪式上，中国湿地博物馆邀请40多位获奖小选手一起参与环保袋手绘慈善活动，现场在环保袋上绘制图画，并在展览结束后，通过微信平台公开拍卖。拍卖42件环保袋，所得3 300元，全部捐赠给杭州启明星儿童康复中心，用于自闭症儿童的康复治疗。

(二)注重科普文章趣味，提升青少年阅读乐趣

2015年1月，6个弗雷内的幼儿园小朋友联名给中国湿地博物馆写了一封信，咨询了几个关于湿地、关于鸟类的问题，博物馆研究部的工作人员通过微信进行了回复，科普了“为什么西溪湿地这么大？”“西溪湿地有恐龙吗？”“鸟类为什么能飞起来？”“鸟类有没有骨骼？”“蝴蝶为什么会有花纹？”等问题。此外，中国湿地博物馆还以此为契机，将研究部新推出的“西溪湿地环境教育系列课程”与微信结合，推出“盘大湿地学院”板块。“盘大”是熊猫的英文名panda的谐音，熊猫不仅是中国的国宝，也是世界自然基金会(WWF)的会徽形象。中国湿地博物馆研究部工作人员化身为“盘大姐姐”，推出“【盘大湿地学院】假如西溪也有朋友圈”(介绍西溪湿地本地鸟类)、“【盘大湿地学院】西溪湿地里的苔藓family”(介绍西溪湿地苔藓植物)、【盘大爆笑科普】治愈系神兽到底应该过马年还是过羊年”(结合网络热点，介绍羊驼)、“【盘大科普】盘根错节的红树林”(介绍湿地植物红树林)等一系列风格幽默诙谐的湿地知识科普专栏，获得了大量青少年朋友的喜爱。

(三)推动社教活动上线,加深青少年活动体验

随着社会的发展,博物馆的社会教育工作所承担的责任越来越明显,博物馆理应充分利用其固有的文化魅力和手段,去吸引观众,满足观众自我学习的需求,从而实现博物馆的教育目的。

2014年中国湿地博物馆策划推出了"忆民俗·知民俗·承民俗"——二十四节气湿地民俗体验活动。这个活动旨在挖掘湿地文化,让家长和孩子月月都能参与亲子互动,体验亲自动手带来的快乐,同时感受湿地传统文化的魅力。该活动除了在传统媒体上宣传以外,在中国湿地博物馆官方微信平台上也进行了详细的图文"直播",主要以青少年活动时的照片为主,配有少量文字。参与活动的青少年们以自己的照片能被发布为荣,并积极转发,进一步推广了中国湿地博物馆微信平台的品牌。在2014年年底,中国湿地博物馆顺势开展了"湿博二十四节气收官之战——照片也疯狂"微信平台线上活动,只要关注中国湿地博物馆微信平台并在朋友圈分享自家孩子参加过的任意一场二十四节气活动照片,便有可能获得丰厚的奖品。该活动为中国湿地博物馆官方微信平台迅速"吸粉",为微信平台的推广做下不小贡献。

盘大学院受到好评后,工作人员又应邀去周边学校同小学生们做座谈式讲座,后来又邀请学校小朋友来中国湿地博物馆免费体验西溪湿地环境教育系列课程。同时,"盘大湿地学院"专栏也发布西溪湿地活动情况。2015年暑期,开展了一堂"掌上天气通——气象瓶DIY"的活动,同时在微信上发布详细的课程,介绍气象瓶的起源、制作方法及观测方法:"【小知识】掌上天气通:如何DIY气象瓶",即使不到现场也可以跟着学做一个天气预报瓶。

三、结语

博物馆运用新媒体进行的青少年教育科普活动,克服了传统博物馆在空间、时间、距离、内容等方面的限制,满足青少年随时随地"参观"博物馆、获取展览知识的需求。建立优质的博物馆新媒体,虽然还处于探索摸索过程中,但必将成为互联网时代博物馆青少年教育工作的一个重要努力方向。

参考文献

[1] 陈国民.博物馆微博的作用及其维护[J].博物馆学,2011(4):16-19.

[2] 陈博君,姜伟俊.湿地博物馆科普教育与青少年创新能力培养[C]//中国自然博物馆协会湿地博物馆专业委员会.中国湿地科普教育论文集.杭州:浙江人民出版社,2014:1-11.

新媒体时代自然类博物馆的有效宣传对策

——以中国湿地博物馆为例

俞静漪

（中国湿地博物馆）

【摘 要】随着互联网的普及和发展，博物馆宣传工作出现新的转变，如何利用新媒体高效开展宣传，尤其是建设如微信等自媒体平台，丰富宣传形式、创新宣传内容、增强宣传实效，是当前博物馆亟须实践的宣传方式。本文将以中国湿地博物馆为例，通过对互联网时代宣传特点的分析，提出自然博物馆的有效宣传对策。

【关键词】自然博物馆 新媒体 宣传

根据国家文物局年度博物馆年检备案情况，截至2014年底全国博物馆总数达4 510家，其中，综合类1 743家，历史纪念类1 840家，艺术类411家，专题类（含其他）320家，自然科学类博物馆仅196家。自然类博物馆不同于其他类型的博物馆，因缺少独特的文化符号，在宣传推广时不利于引发观众共鸣。利用新媒体特点开展互动，吸引同类受众群自发进行传播，是自然科学类博物馆进行宣传的有效途径。

一、新媒体的传播特点概述

媒体宣传工作不仅是博物馆向群众展示博物馆收藏现状、研究及教育等情况的平台，更是博物馆发布展览情况、资讯、信息等的主要途径，也是群众了解博物馆动态的重要渠道。[1]新媒体尤其是移动新媒体相较于传统媒体具有显著的特点，本文针对其多元化、扁平化、互动化以及碎片化的特点进行阐述，博物馆在制定宣传策略时需在这些特点的基础上进行统筹考虑。

多元化指的是新媒体多元传播和多元需求的特征。新媒体是一个相对的概念，是报刊、广播、电视等传统媒体之后发展起来的新的媒体形态，包括网络媒体、手机媒体、数字电视等。新媒体拥有比传统媒体更为宽泛的传播媒介，如网站、app、微信、微博、数字电视等，传播媒介的多元也产生了更为多元的宣传形式，传统媒体的宣传依赖标准化的宣传通稿、广播或电视节目的录制，在新媒体时代，可长可短的各类软文、有趣创新的动漫及周边、自主拍摄的病毒视频等等，都能找到有效途径进行推广。另一方面，当接收信息的途径不再只局限于报纸电视，人们对信息的需求也更加多元，不同性别、不同年龄、不同职业的人群对信息有不同的需求，博物馆在制定宣传措施时，需充分考虑受众定位，以小众化、个性化的宣传策略获取精准目标群体。

新媒体的扁平化特征来自于日渐成熟的自媒体运营。传统媒体如同中介，将博物馆和观众之间的信息链串联起来。而通过各类新媒体，博物馆可以绕过中介，直接把展览信息、活动预告等通过网站、微博、微信等平台传递给观众，甚至是特定的有针对性的观众群。因此，博物馆的自媒体运营在当下尤为重要。

新媒体的互动化特征，将博物馆、观众、媒体三者形成良性互动。传统媒体的宣传是发散性的，以媒体为中心向外扩散，并且是单向的，媒体公开信息就完成了传播。在新媒体时代，每个人都成为一个节点，使宣传推广呈网状发展，当博物馆通过新媒体发布信息时，其有效受众均成为网格上的中心点，向周围的同类用户进行扩散宣传，同时也建立起了受众反馈信息的渠道，留言、投票、甚至参与到推广过程中，信息的传播是多向的、交互的、递进的，馆方可以在宣传过程中随时根据观众的反馈调整完善传播内容和形式。

受众群体的碎片化、获取信息时间的碎片化，新媒体时代最显著的特征就是人们获取信息的渠道从报纸电视变成了手机，从被动获得信息到主动获取个性化信息。碎片化的好处在于时效性和实效性，博物馆可以在任何时候发布信息，观众也可以在任何时候接收到信息，而不是非得在固定时间收看节目才能获取信息，简练的语言、多样的形式、有趣的互动让观众更易于阅读和参与，一条“干货”十足的信息，往往会引发特定受众群的自动转发，使信息传播的实效大大提升。

二、新媒体在博物馆宣传中的实践

国内博物馆在新媒体的运用上，以故宫博物院最为典型，故宫博物院在信息传播中拥有得天独厚的具象化的文化历史元素，便于开发利用和传播。自然类博物馆反映的往往是抽象的环境元素，如中国湿地博物馆，以湿地为主题，从表面上看，湿地这样大而宽泛的概念，除了环境保护之外，很难从中提取出人们关注的话题和元素，针对这一现象，中国湿地博物馆通过建设平台、提供多元交流途径，专注内容、吸引有效用户，开发周边、深挖文化元素等方式，对新媒体时代自然类博物馆的宣传手段进行了有效的探索实践。

(一)建设平台、提供多元交流途径

目前，中国湿地博物馆开设的宣传平台包括官方网站、新浪及腾讯微博、微信公众平台以及在第三方平台开设频道等，涵盖了社交最常用的几大平台，并配有3名工作人员负责平台的信息采集、日常运营维护。

博物馆网站设有湿博概况、新闻中心、党务公开、专题展览、馆藏鉴赏、湿地研究、湿博体验、科普教育、湿地之家、湿博之家等十大栏目38个小类目。从展览地图、展台视频到720°全景网上博物馆，利用互联网的多元传播手段为观众提供在线参观的多种体验方式，并十分强调体验度，针对游客在参观前或是无法前来参观的情况下，对博物馆整体状况有直观的了解。通过网站获取博物馆即时资讯、查询湿地专业知识，也是很多人登录湿地博物馆网站的原因，针对这一受众群体，博物馆除了每天发布常规的信息类新闻，还增设了馆刊《国家湿地》杂志电子版，阅读者不仅可以免费查阅其中的新闻、研究成果，感兴趣的还可以撰写湿地相关文章进行投稿，从而增加受众与博物馆间的交流途径。

微博是当前人们吸收热门信息的最主要社交平台，在博物馆宣传推广中占有非常重要的地位。在微博初期运营中，中国湿地博物馆从简单的信息发布逐渐探索策划线上活动，并尝试与其他媒体、机构、“大V”开展捆绑互动活动，例如在第九届杭州(中国)国际动漫节期间，作为分会场之一的湿地博物馆策划了“动漫大咖奥斯卡”活动，在正式活动的一个月前，博物馆通过微博推出网络票

选“动漫正义大使奖”“草根动漫新人奖”“最强动漫人气奖”等十个创意奖项，所有入围的动漫人物都由志愿者进行扮演，出席活动现场并与青少年共同走上卡通星光大道。此举受到青少年的广泛关注，网络投票进行有效预热，精心设置的奖项贴合青少年的兴趣特点，落地活动强调参与性，此外，还邀请唐老鸭配音演员李扬录制卡通版邀请视频，通过微博进行传播，最终，共吸引近 10 万人次游客前来参与活动。除策划线上活动，微博开放、便捷、实时的传播特点，也适合发布开闭馆时间调整、主题性参与话题等临时公告类信息或讨论类信息。

中国湿地博物馆开设有两个微信公众账号，分别为官方微信平台和科普活动专用平台。官方微信平台分设简介、资讯、服务三大板块，设置具体栏目时需充分考虑展馆特色，以受众想要获取的信息为出发点，同时加以引导，植入馆方想要传递的信息板块。以中国湿地博物馆为例，官微三大板块下设湿博简介、在线参观、互动影院、红学陈列馆、最新展览、科普活动、国家湿地、开放时间、地址交通、团队预约十个分栏。微信平台是目前能够吸引同类有效客户的最佳传播途径，最容易引发自传播的信息类型包括精美图文、活动优惠、比赛投票、实用资讯等，但平台的运营需要团队进行后台支持，为此，湿地博物馆在各部门设立了信息员，提供丰富的内容支撑。

(二)专注内容、吸收有效用户

运用新媒体进行宣传推广时，博物馆首先要考虑的是受众。与传统媒体的广撒网式宣传不同，新媒体让博物馆自身即成为发声媒介，每一个种子用户的关注，背后都将带来一群有效用户的引流，因此，在各类平台的运营过程中，最核心的关键就是对用户的了解，什么样的内容能满足目标用户的需求，能够吸引用户的有效关注？一般来说其特点可以概括为有趣、有用、有料。

一篇有趣的文章能够获得广泛的自发传播，有趣的内容可以中和博物馆本身严肃的形象，在轻松的氛围中宣传科普知识或传递信息，使用户更易于接受。在新媒体时代，千篇一律的新闻毫无吸引力，对个人而言，只有有乐趣的、接地气的内容，才能构成阅读的兴趣。中国湿地博物馆在进行科普宣教的推广时，就十分注重趣味内容的原创性，如制作《假如西溪也有朋友圈》系列，将西溪常见或特有的动植物拟人化，以爆笑朋友圈对话的图片形式科普湿地知识。由于文章受到大量用户的欢迎，随后，博物馆进行了“西溪湿地环境教育活动”的研发和实践，将线上的趣味内容改编为线下活动，开发游戏如“奔跑吧，虾兵蟹将”，参照学生自己编写的湿地食物链，赋予每个参与者其中的角色，让参与者通过奔跑与追逐的捕食游戏了解食物链是一个环环相扣、密切联系的系统。[2]

博物馆宣传的目的很大程度上在于吸引更多游客走进博物馆参观。要让推广内容具有高转化率，为博物馆导入实际观众流量，通常都需要提供一些有用的线上服务内容，对订阅博物馆微信微博的用户来说，通常最关注展览活动信息，以及参观前的信息咨询，为此，中国湿地博物馆针对团队在网站及微信开通了网上预约参观服务，避免了在旅游旺季到馆参观而无讲解员的情况发生，网上预约的方式同样也被应用于活动中，此举在方便游客的同时，也给博物馆的活动准备提供了有效的信息，如活动中要准备多少材料，要安排多少工作人员，导览线路怎么安排等等。新媒体的各类在线功能能够保证博物馆提供更高质量的服务，切实做好每一个种子用户的积累。

有料的文章能获得最多的用户积累。让人觉得眼前一亮，或是让人获得另一种思维方式；或是让人觉得轻松愉快，这些内容都可以称为有料。为了配合二十四节气民俗体验活动，工作人员制作了一套二十四节气“印象湿博”桌面壁纸，从24个不同的角度细节看中国湿地博物馆，并配上唯美的文字解说，引起了大量用户的关注点赞，获得市区级公众大号的转载，利用口碑效应，完成了对博物馆以及二十四节气活动的双重宣传推广。

（三）开发周边、深挖文化元素

如前文所述，自然类博物馆反映的往往是抽象的环境元素，从表面上看很难从中提取出人们关注的话题进行扩展，在这一方面，中国湿地博物馆尝试对文化进行深度挖掘，除了与自然、人文相关的如西溪湿地民俗文化开发，更探索了文化跨界合作的可能性，为自然类博物馆的宣传提供了范本。

在湿地文化的挖掘中，中国湿地博物馆利用地域优势，重点开展了西溪文化的研究，研究成果集结成《西溪全书》等数十本著作。针对老西溪人和对西溪文化有兴趣的人群，湿地博物馆策划推出了“西溪人文大讲堂”，将专业的研究成果转化为讲座，全年共设立25场，内容涉及西溪的历史、建筑、名人、物产、民俗、传说逸事等，在节假日还增设西溪本土越剧团的折子戏演出。针对青少年群体，湿地博物馆利用其科普宣教的职能，将西溪文化转化为可动手参与的“忆民俗·知民俗·承民俗”——二十四节气湿地民俗体验活动,把湿地文化、西溪文化凝练成有特色的符号,用视觉、味觉、触觉等直观的方式把文化情感传递给青少年,比如在立夏时,采集乌饭树叶制作乌米饭,了解立夏节气知识和西溪当地的过节方式。

有了这些能够引发参与者共鸣、产生兴趣的文化背景,在宣传时就有了足够的内容进行支撑,通过新媒体可以开展的宣传方式也更为多元,甚至可以在平台中进行二次策划,增加互动性。例如在二十四节气湿地民俗体验活动的微信推广中,中国湿地博物馆除了推出线上报名、转发获取免费名额等方式外,还专门针对参与过活动的青少年策划了线上活动“照片也疯狂”,鼓励家长将孩子们在节气活动中的照片晒到朋友圈,并截图回复官微,以“盖楼”的方式,抽取指定回复序号,送出全年活动的电子体验券等礼品。从精准的用户定位、创新的互动方式、同类用户的有效引流,到线上周边的开发、线下活动的落地循环,环环相扣,充分利用了新媒体的传播特点。

西溪历史悠久,每年吸引着百万游客,水乡渔事、农家桑蚕、龙舟盛会……遍地文化资源亟待发掘。2014 年,中国湿地博物馆联合浙江省民间美术家协会,开展了西溪旅游纪念品创意设计大赛活动,共征集到参赛作品 216 组,共计 900 余件。在活动中,通过线上投票,以西溪“火柿”为元素的设计作品引起大量游客的关注,这将主导未来西溪以及博物馆在开发文化产品时的走向。

另一方面,中国湿地博物馆也积极探索湿地文化的跨界合作。今年,博物馆推出“同写西溪赋”的书法家联名活动,邀请来自全国各地的青年书法家挥毫书写由中国湿地博物馆馆长陈博君撰文的《西溪赋》诗词,目前已连载 16 期,作为湿地文化跨界合作的一次有益尝试,博物馆还将线上的书法欣赏进行了延伸,邀请书法老师在暑假期间免费开展兰亭书法教学体验,成功将网络用户转化为博物馆客流量。湿地博物馆坚持在宣传过程中,把“文化”当作核心,并尝试将传统地域性文化融入创意元素,把故事、传统、实用和文化的结合转化为落地活动和周边产品。

三、结语

在传统媒体的转型时期，自然类博物馆需要充分利用新媒体带来的变革与机遇，找准目标群体定位，挖掘本馆自然环境背后的文化内容，形成线上线下的双向整合营销策略，以优质的内容和创新的形式吸引用户流量与观众流量，拓展博物馆的展示、教育、宣传、娱乐等功能。

参考文献

[1] 张一知. 刍议移动新媒体在博物馆宣传的应用[J]. 赤子(上中旬)，2015(12).

[2] 王莹莹. 体验·探索·趣味：中国湿地博物馆开展“西溪湿地环境教育活动”的实践与启示[C]//全省“公共文化服务体系视野下的博物馆”学术研讨会论文汇编，2015：73-77.

城市湿地生态保护市场化手段探究

叶　军

（杭州西溪湿地公园管委会办公室）

【摘　要】本文引入“生态使用量”概念，通过赋予“生态保护”这一公共产品市场价值，以有偿享用生态保护成果方式，遏制生态的过度利用，从而激励相容生态保护与利用行为，实现生态保护与利用的平衡，并试图探究通过市场化运作模式保护城市湿地生态环境的机制。

【关键词】湿地　保护　市场化　手段

Explore the market-based operation mode of urban wetland ecology protection

Ye Jun

(Hangzhou Xixi National Wetland Park)

Abstract: This paper introduced a concept of ‘ecological usage’ and give a market value of the ‘ecological protection’—a kind of public products. Contain the excessive use of ecology by pay for ecological production, stimulate the behavior of harmonizing the protection and utilization of ecological and realize the balance between the parts.

Keywords: Wetland　Protection　Marketization　Schema

保护城市湿地自然生态，创造适宜人类居住的物质环境、生物环境和社会环境，是当今世界性的课题，现有城市湿地生态保护存在生态保护成本过高，生态服务供给不足，公众生态保护自律性不够等缺点，运用市场化手段，实现生态保护与利用的自觉平衡，是本文的出发点。

本文拟挖掘生态环境这一公共产品的市场价值，借鉴碳排放权、水权等公共资源的交易思想，赋予湿地生态使用权市场价值，通过市场化交易激励相容湿地生态公共资源保护和使用行为，遏制湿地生态过度使用，补充湿地制度管理、法制管理，在两者间寻找一条自助调节的湿地生态保护市场化途径。

一、城市湿地的功能作用

城市湿地具有生态和社会服务功能。其一是净化城市污染物。随着城市工业的发展，城市环境污染加剧，水体趋向富营养化，藻类大量繁殖，消耗水体溶解氧，影响水生生物生长，而且许多藻类释放微囊藻毒素，危害人体；而以芦苇、水葱组合的湿地系统和茭白、石菖蒲组合的湿地系统对水体富营养化造成的藻毒素具有一定的祛除作用。其二是调节微气候，据相关数据统计和笔者的亲身体验，城市湿地的日常气温比周围低1—2℃。湿地蒸发是水面蒸发的2—3倍，蒸发量越多，湿地区域气温越低，水汽蒸发导致近地层空气湿度增加，降低周围地区的气温，减少城市热岛效应。其三是为动植物提供丰富多样的栖息地，湿地是很多濒危水禽的栖息地，湿地由于生态环境独特，所以具有生物多样性。以杭州西溪湿地为例，在西溪栖息着大约数十种水鸟和其他鸟类，有绿鹭、蓝胸秧鸡、黑卷尾、鹰鹃、小鸦鹃等，部分属于重点保护鸟类，西溪芦苇荡属原生性湿地，非常适合鸟类繁殖栖息。西溪湿地的植物资源也丰富，是个天然的植物园，据调查资料显示，西溪湿地区域共有柿子树5万余株，毛竹数千万枝，樱花、梅、桃、柳、桑上百种，草本植物约200种，还有国家重点保护的植物如野大豆、中华水韭等，湿地丰富的动植物资源也是维持湿地生态平衡的重要元素。

城市湿地具有商业、教育、安全功能。城市湿地的商业、教育、安全功能是源于“生态”的派生功能，湿地丰富的水体空间，水面多样的浮水和挺水植物，以及鸟类和鱼类，充满了大自然的灵韵，使人心静神宁。人类欣赏自然、享受自然以及对自然的情感依赖使湿地具备独特的商业开发价值。而湿地丰富的景观要素、物种多样性，为环保宣传和对公众进行生态保护教育提供了场所。同时，城市湿地还是城市生态安全的屏障，减缓城市自然灾害发生的频次，削弱洪涝带来的灾害。

二、城市湿地生态保护现状及分析

城市湿地的生态效益、社会效益、经济效益非常巨大，但随着社会经济发展和城市的迅速扩展，人类的频繁活动在相当的程度上造成了对湿地生态环境的破坏。城市湿地的面积下降、水体污染等成为一种普遍现象，湿地保护、利用和管理难以形成一个系统、科学的平衡机制，城市湿地保护的景况令人担忧。

（一）城市湿地生态保护所面临的挑战

一是城市湿地面积锐减。城市规划与建设不当对湿地的侵蚀，以杭州西溪湿地为例，历史上其曾占地 60 多 km^2，目前逐渐缩小到规划保护的 10 多 km^2。二是城市湿地环境污染。伴随着快速城市化，工业、生活设施以及种植业、养殖业的大量增加，湿地的水体环境不堪重负，大量的氮、磷流入湿地造成水体富营养化。三是城市湿地水系影响。水利设施对城市湿地水系的人为分割，直接改变水生生态效应，不利于水生生物的生存繁殖；而且枯水期过量引水，也不利于湿地按照内在规律和运行机制调蓄水源，净化水质。四是城市湿地文脉消退。城市湿地是一个次生湿地，属于“自然—人工复合型湿地”，数千年前人类就在这块土地上繁衍生息，但是城市湿地原有建筑文化在不断地消失，前人诗词、匾额、碑刻不断地流失，城市湿地文化面临被侵蚀的现状。

（二）城市湿地生态保护措施

一个未受异常自然和人类扰动的城市湿地，当外力扰动超过湿地的自我修复能力时，湿地就会发生生境恶化，功能退化，进而影响区域环境。防止外力扰动，需要采取前瞻性的规划和科学保护措施。一是建立城市湿地生态监控和评价系统。湿地生态恢复是个漫长的过程，特别是培育成支持多种野生动植物的湿地生境需要多年的时间。因此，对生态进行持续的测定和调控，可防患严重生态破坏于未然。另外，湿地群落结构合理设计，也有利于湿地生态的恢复。二是妥善解决人类干扰问题。城市人类干扰可分为持续的胁迫式干扰和短暂的脉冲式干扰。胁迫式干扰如建设行为，原有生物的陆续死亡会引起外来物种的入侵，抑制原有种群的恢复，从而使得群落结构发生根本性变化。脉冲式干扰如水域污染等，在干扰强度较小的情况下，生物个体可以适应新的生境条件，群落结构变化小。只有轻度的人为干扰，方可保持湿地的生物多样性和可持续发展。因此，在对湿地规划和利用其休闲、娱乐等功能时，需要前瞻性地考虑到人类干扰与湿地的自我修复能力，以维护湿地群落物种多样性及生态功能。三是提高全民素质。休闲和娱乐是城市湿地主要的功能之一，维护城市湿地健康的生态环境必须靠全民的共同努力，所以加大宣传力度，普及环保教育，提高市民素质，不仅是城市湿地保护的必要条件，也是城市可持续发展的重要组成部分。四是出台相应的生态保护政策。政府决策部门应加大湿地研究的力度，系统地研究湿地，依据城市湿地功能特征，制定不同的治理目标和措施，并建立健全的城市湿地保护法律体系。

(三)现有城市湿地生态保护管理手段分析

据调研，现有城市湿地的保护管理手段主要有三种：制度管理，由各种形式的制度规范组成的管理体系是湿地管理的主要形式，诸如人员车辆进出管理、旅游设施维护管理、旅游秩序管理、景区经营秩序管理等。契约管理，任何进入湿地公园旅游消费的行为，都可视作契约消费，消费者和管理者必须遵守契约约定，承担责任和履行义务，否则就是违约行为，契约管理的内容是契约条款，以及对契约履约行为的监督。执法管理，惩处违法行为来纠正生态破坏后果，可支撑和推动上述管理有效实施。

三种管理手段在管理主体、管理内容、资金来源以及约束效力上存在差异。管理主体上，法制管理一般由行政和公共部门承担，以杭州西溪国家湿地公园为例，专门设立杭州西溪国家湿地公园管理委员会，代表市政府负责组织、协调西溪湿地范围内的保护、建设与管理等工作，西溪国家湿地公园管理委员会下设办事机构主持日常事务。制度管理和契约管理可由行政和公共部门以外的组织承担，如杭州西溪国家湿地公园还专门设立了湿地经营管理公司负责日常经营和管理工作。管理内容上，法制管理只涉及与湿地公共利益相关的事项，如生态保护等，《杭州西溪国家湿地公园保护管理条例》对湿地范围内的经营网点布局、旅游线路、生态承载量和旅游开发的限制都一一进行了规范；而制度管理和契约管理覆盖面广，可以囊括湿地管理所有事项，无论是公域还是私域，只要在权利范围内做出规范或合同约定的，就可以成为制度管理和契约管理的内容。资金来源上，法制管理资金应来源于公共财政，否则会出现权力寻租现象；制度管理和契约管理管理目的是赚取利润，所以不论管理对象是公域还是私域的，均通过市场获得。管理约束力上，法制管理有强制约束力，管理对象若不服从，将承担相应的法律后果；制度管理和契约管理虽然没有强制约束力，但管理相对人若不履行责任，将无法享受相应的权利，所以管理也有约束力。

上述三种管理手段看似周全、互补，但实际上是存在盲点的。执法管理源于法的规范，而法仅对关键的、公共领域事项进行规范，覆盖面窄，管理阶段处于末端，即对危害后果的纠正，且须严格依法律程序执行，管理效率较低。制度管理和契约管理可以覆盖前置、过程及结果全过程，覆盖面广，但对公共服务的供给缺乏动机，在不符合其利益前提下，往往被动、消极地应付，需要上层制度设计监督其管理。如何既能规避执法管理的弊端，又能激励相容制度管理与契约管理呢？引入生态保护市场化自助调节就是手段之一。

三、城市湿地生态保护市场化对策研究

湿地生态保护是一种公共产品，公共产品消费具有外部性，会造成权利和义务上的“搭便车”困境。湿地生态保护主体承担了内部成本和外部成本，只获得了内部收益，“搭便车”者没有承担任何成本却获得了外部收益。对于湿地生态保护主体来说，外部成本得不到补偿，从而引起供给不足。同时，对于获得外部收益的“搭便车”者来说，他们没有承担外部成本而获得了外部收益，这无形中又扩大了需求，供给与需求之间的差距导致生态保护投入短缺。

市场化自动调节湿地生态服务供给，需要采用一些纠偏策略来消除这种市场失灵，外部效益内部化正是引入湿地生态资源有偿使用概念的实质。对边际私人成本小于边际生态保护成本的个体实行生态使用权购买，边际私人生态收益小于边际生态效益的组织可以出售生态使用权得到补偿，从而把生态保护成本与生态保护收益的背离所引起的外部性影响内部化，促进湿地生态保护达到帕累托最优状态。

(一)城市湿地生态使用权的交易价值

城市湿地生态使用权的交易价值在于"完好的生态"。一切围绕湿地开发的附加产品都是湿地"生态"派生的,湿地生态是具有价格属性的。其直接经济价值如固有的水生、陆生动植物资源等,间接利用价值如对周围环境生态的改善,提供湿地生态旅游等。此外,湿地生态价值还取决于湿地生态的管理,在不当管理之下湿地价值或重要性就降低。

挖掘公共产品的市场价值进行交易已有先例。如:碳排放权交易,2013年8月杭州市实施能源消费过程碳排放权交易,公共自行车的碳减排可以量化"卖钱",植树绿化也可做"碳汇交易"。2010年杭州9处公共自行车服务点共减少二氧化碳排放量615.55t,挂牌交易后被一家保健食品企业以2.1万元价格购得。

(二)引入生态使用量市场化调节概念

生态使用量市场化调节实质是遏制生态的过度消费,总量控制下的个体间的生态使用权可进行流转,生态服务的提供者、生态服务的消费者及交易平台组成一个完整的生态使用权交易系统。生态使用量市场化调节包含三个方面:一是消费湿地生态资源、享受生态环境服务或损害生态资源环境要向生态服务提供方购买生态使用权;二是生态服务提供方通过出售使用权获得投入补偿;三是直接用于自然主体生态恢复的投入补偿。

(三)城市湿地生态使用量的测定

交易价值涉及商品的数量与单价,生态使用权交易需要测定生态资源占用量或使用量,本文采用生态影响因素的量的集合来替代生态资源使用量。生态影响因素变量测定以湿地功能为核心,以对湿地功能的影响程度作为生态影响的衡量标准,一是水文功能的影响,如积水状况(积水深、季节性积水、常年性积水)、土壤含水量(无地表积水时)、地下水位、透明度、生物化学功能等。二是生态功能的影响,如植被类型、植物丰富度,鸟类种类和数量、两栖类种类和数量、爬行类种类和数量、迁徙动物种类和数量、鱼类种类和数量、浮游动物种类和数量、底栖动物种类和数量等。从中提取描述湿地功能现状和变化的功能参数来衡量生态影响的大小。城市湿地生态使用量的测定须兼顾科学性、综合性、可操作性的原则，因城市湿地生态影响因素众多，从实际出发本文着重测定人类活动对城市湿地生态的影响因素。

1. 旅游行为。旅游行为与城市湿地生态负相关，影响因素有旅游接待的规模、游客生态保护的自觉行为、景区管理对生态的正向促进程度、游客时空分布等。其中游客生态保护的自觉行为又与游客成熟度、旅游动机、旅游偏好相关。可以对上述影响因素进行估算，赋予不同的权重构建出一个旅游行为生态影响函数，量化旅游行为生态使用量。

$$BE=f(TR,MA,TM,TP,SP,ST) \tag{1}$$

式中，BE为：旅游行为生态使用量；TR为：旅游接待规模；MA为：游客成熟度；TM为：旅游动机；TP为：旅游偏好；SP为：规范化管理程度；ST为：游客时空分布；2. 餐饮服务。城市湿地作为一个旅游场所，餐饮服务对生态的影响是显而易见的，餐饮服务影响湿地空气质量和水质，影响湿地的水文循环，改变了河水营养物质和化学污染物质的运移机理，影响湿地生态系统的结构和功能构成。为便于指标量化，餐饮服务生态影响可以参考间接影响因素，如餐饮服务的经营规模、经营范围、环保设备的使用情况等因素，通过经验值、前后对比法、专家评估法、相关商户横向比较法来量化餐饮服务生态影响量。

3. 建设行为。建设活动直接改变了地表径流形成的条件，从而对湿地水的流动、循环、分布，水的物理化学性质以及水与环境的相互关系产生影响，对湿地生态影响属于胁迫式干扰，生态结构会发生根本性变化，在权重设定上应予加重。建设行为生态影响因素可考虑原植物丰富度、植被覆盖率、物种、土壤铅含量的变化。

(四)城市湿地生态使用权量化指标体系

某一生态影响事件对生态破坏是多方面、多维度的，上述对生态使用量的测定仅是对单个影响指标的量化，需要建立一个生态影响指标体系来衡量某一具体事件对湿地生态综合影响程度。

1. 指标体系初选。指标体系的初选方法可采用分析法，即将量化对象划分成若干个不同组成部分或子系统，并逐步细分，直到每一个部分和子系统都可以用具体的统计指标来描述，其过程是：

第一步，对量化对象的内涵与外延做出分析，划分对象的影响结构；第二步，对每一子目标或子系统进行详细分解；第三步，设计每一子层次的可量化指标。

2.指标体系优化。指标体系的优化包括两个部分：单项指标优化和整体指标体系优化。单项指标的优化是对指标的可行性、正确性进行分析。可行性，指标的数值能正确获得，在技术上和经济上是可行的。正确性，能定量、科学计算，在其他要素不变的情况下，某一影响因素值的变化能引起指标值相应变化。整体指标体系的优化主要是检查指标体系中指标之间的协调性、整体性。

3.指标体系量化方法。指标体系量化可采用主成分分析法，根据各指标间的相互关系或各项指标值的变异程度来确定权重，主成分分析法确定权重有以下几个优点：(1)可消除评价指标之间的相互影响；(2)可减少指标选择的工作量；(3)主成分分析中各主成分是按方差大小依次排列顺序的，可以舍弃一部分主成分，只取方差较大的几个分量来代表原变量，减少计算工作量。

指标数据的标准化。阈值法将指标实际值与一个确定的标准值相对比，从而使指标实际值转化成评估值的方法。标准值通常有以下几种：最高值、最低值、特定标准、理想值、平均值、标准差等。

其次，对指标方向进行调整，指标体系有正向指标、逆向指标、适度指标。对于逆向指标和适度指标，需调整方向使其与正向指标的发展趋势相一致。

对逆指标进行调整的方法通常有：用一个正常数减去逆向指标，使其结果为正值，对逆指标求倒数；将逆指标的标准化值乘上－1。

对于适度指标的调整则可以取实际值与适度值的差的绝对值的倒数。

将标准化后的数据列出矩阵。

$$Z=\begin{bmatrix} Z_{11} & Z_{12} & \cdots & Z_{1m} \\ Z_{21} & Z_{22} & \cdots & Z_{2m} \\ & & \vdots & \\ Z_{n1} & Z_{n2} & \cdots & Z_{nm} \end{bmatrix} \text{（n 为样本个数，m 为指标变量）} \quad (2)$$

计算标准化矩阵中每两个指标间的相关系数，得到相关系数矩阵R：

$$R=\frac{1}{n-1}Z'Z \quad (3)$$

计算相关系数矩阵 R 的特征值 λ 和特征向量 $t_i=(t_{1i},t_{2i},\cdots,t_{mi})$。

计算主成分 $F_i=Z_{ij}t_i$ 使得前 i 个主成分的方差贡献率达到 85%以上。

计算各子系统的综合评估值 $Y_i=\Sigma F_i\dfrac{\lambda_i}{\Sigma\lambda}$(是特征值)。

计算生态使用权生总量 $Y=\dfrac{1}{n}\sum_{i=1}^{n}Y_i$。

(五)建立城市湿地生态有偿使用市场交易机制

城市湿地生态有偿使用市场交易机制是关于城市湿地生态使用权交易系统内部关联部分之间相互作用的过程和方式,主要包括五个方面:

1. 生态使用权交易主体,包括一切受生态使用活动而产生任何影响的组织和个人。具体来说可以分为两大部分:一是参与生态保护投入过程中直接产生外部生态效益的组织或者个人,二是生态使用过程中直接产生生态负面影响的组织及个人。

2. 城市湿地生态使用权交易客体,采取上述的量化方法,科学地评估生态恢复的损益。

3. 生态使用权价格标准,主要考量生态系统服务价值、生态保护投入成本、生态使用获益、生态受损程度等方面。

4. 生态使用权交易形式,生态外部受益方向提供生态服务方购买生态使用权,获得资金支持的生态服务提供方向购买方提供良好的生态服务。

5. 转让保障机制。保障生态使用权的有偿取得和正常使用。

四、结论

城市湿地生态保护市场化管理,通过量化湿地生态资源使用权,有偿赋权给使用者,公平交易,促进生态资源的合理分配,能够遏制生态资源的过度消费,弥补生态服务供给不足,结合现有城市湿地管理手段可形成多层次多维度的梯度管理新模式。若能引进 PPP(Public—Private Partnership)融资模式,将能向公众提供更高效的湿地生态保护服务。

参考文献

[1] 苏为华. 多指标综合评价理论与方法问题研究[D]. 厦门：厦门大学，2000：16-18.

[2] 卢丹. 现代化评价指标体系及评价方法研究[D]. 北京：首都经济贸易大学，2002.

[3] 陈婧. 四川省城市可持续发展的综合评价[D]. 成都：西南财经大学，2004.

[4] 王菲. 资源型城市可持续发展指标体系构建及综合评价研究[D]. 大庆：大庆石油学院，2006.

[5] 毛显强，钟瑜，张胜. 生态补偿的理论探讨[J]. 中国人口资源与环境，2002，12(4)：138.

[6] 张春玲，阮本清. 水资源恢复补偿经济理论分析[J]. 水利科技与经济，2003，9(1)：3-5.

[7] 闵庆文，甄霖，杨光梅，等. 自然保护区生态补偿机制与政策研究[J]. 环境保护，2006(19)：56-57.

[8] 熊鹰，王克林，蓝万炼，等. 洞庭湖区湿地恢复的生态补偿效应评估[J]. 地理学报，2004，59(5)：772-780.

[9] 刘玉龙，许凤冉，张春玲，等. 流域生态补偿标准计算模型研究[J]. 中国水利，2006(22)：35-38.

[10] 曹明德. 对建立我国生态补偿制度的思考[J]. 法学，2004(3)：40-43.

[11] 赖力，黄贤金，刘伟良. 生态补偿理论、方法研究进展[J]. 生态学报，2008(6)：2872-2876.

[12] 贾引狮. 生态补偿机制的生态经济学分析[J]. 商场现代化，2009(1)：564，372-373.

[13] 中国生态补偿机制与政策研究课题组. 中国生态补偿机制与政策研究[M]. 北京：科学出版社，2007.

[14] 王辉，姜斌. 生态足迹模型对旅游环境承载力计算的应用[J]. 辽宁师范大学学报(自然科学版)，2005，28(3)：358-360.

[15] 董鸣，王慧中，匡廷云，等. 杭州城西湿地保护与利用战略概要[J]. 杭州师范大学学报(自然科学版)，2013，12(5).

[16] 缪丽华. 杭州西溪湿地研究综述[J]. 安徽农业科学，2009，37(11)：5043-

5044,5080.

[17] 李睿,戎良. 杭州西溪国家湿地公园生态旅游环境容量[J]. 应用生态学报,2007,18(10):2301-2307.

[18] 宋玉红. 国家湿地公园旅客行为管理模式研究[D]. 杭州:浙江工商大学,2010.

[19] 黄立宏. 生态补偿量化方法及其市场运作机制研究[D]. 福建:福建农林大学,2013.

[20] 吕宪国,王起超,刘吉平. 湿地生态环境影响评价初步探讨[J]. 生态学杂志,2004,23(1):83-85.

[21]姜宏瑶. 中国湿地生态补偿机制研究[D]. 北京:北京林业大学,2010.

浅议湿地保护与主题场馆是生态文明建设的主阵地

李福源

（青海青海湖国家级自然保护区管理局）

【摘 要】建设生态文明，是关系人民福祉、关系民族未来的长远大计。生态文明建设所追求的是坚持可持续发展的理念和要求，从文明建设的高度来统筹环境与经济社会发展，在更高层次上实现人与自然、环境与经济、人与社会的和谐。青海湖国家级自然保护区湿地保护及青海湖蛋岛生态观鸟通道建设，经历了从初期管理到真正对自然资源和人类活动进行管理和宣教的历程，这也是湿地保护所必需和必然的转变。面对生态文明建设与当地经济社会发展之间逐步出现的矛盾，青海湖国家级自然保护区采取了多种有效措施，做了大量实际工作，但仍存在一些问题。根据这些问题，笔者有针对性地提出了扩大社区参与、发挥湿地宣传场馆科普功能等问题和增加群众收入、促进景地和谐发展等措施和建议。

【关键词】湿地保护 生态文明 主题场馆 问题与对策

生态文明建设的提出，既是文明形态的进步，又是社会制度的完善；既是价值观念的提升，又是生产生活方式的转变；既是中国环保新路的目标指向，又是人类文明进程的有益尝试。湿地保护是保护自然资源和生物多样性、促进生态文明建设和可持续发展的有效途径。近年来，青海湖国家级自然保护区通过湿地保护等一系列生态环境保护项目的实施，在自然保护区建设和湿地管理方面获得了很多有效的经验和对策。多年来，保护区管理局根据区内群众生产生活发展需要，开展社区共管与湿地保护工作，通过促进共同参与、利益共享，使周边群众从自然保护区的可能破坏者变成共同管理者，达到群众增收、景地和谐发展的目的。

近年来，国内外众多游客前来青海湖旅游的动机，虽名目繁多，但仍可以发现其中的一个重要热点，即是仰慕唐蕃古道上"大美青海"悠久的游牧、农耕文明史及围绕以此而产生的不胜枚举的悠久历史以及神奇的藏文化和大美风光。他们认为，青海湖最富有吸引力的旅游产品——诗意绵绵、古朴淳厚的草原和自然之美，以满足其返璞归真的愿望和回归自然的旅游意向。由此，我们应认识到，依托湖光山色的草原牧家景观开展与之相适应的生态旅游和湿地共管工作，是建设生态文明、经济社会发展进程中自然与人文并蓄的特色和渠道。这是自然和悠久的历史及传统的农牧业赋予我们的一笔宝贵财富。生态旅游资源堪称我国旅游大千世界中的一朵奇葩，其促进景地和谐发展、带动环湖地区社会经济增长的优势和增加环湖周边群众收入、改善群众生产生活质量的整体效应不容忽视。因此，加大对青海湖湿地和环境保护，合理利用旅游资源，引导和规范开展生态旅游，应引起足够重视。

当前，在游牧民定居工程建设中，发展生态旅游是题中应有之义。青海湖周边地区具有丰富的旅游资源，近年来随着旅游消费观念的不断更新，人们对旅游的需求也在发生着变化。"回归自然、体验乡村"的旅游概念也被更多的人所了解和接受，同时"生态旅游"也成为更多旅游者选择的一个旅游市场。一些富有草原特色的"牧家乐"和生态旅游点也在这种环境下迅速地发展起来，草原人家、湖边牧家乐、草原骑马射箭体验等一系列草原游牧特点的生态旅游项目在为旅游者提供更多选择的同时也成为带动群众致富的一个亮点。

一、湿地保护现状及保护区建设成效

(一)湿地保护现状

1975 年 8 月，青海湖鸟岛自然保护区正式建立，1992 年其被列入《关于特别是作为水禽栖息地的国际重要湿地公约》国际重要湿地名录，在我国第一批

66个湿地中排名第三位。其湿地总面积为4 562km²（其中鸟岛国际重要湿地范围总面积为536km²）。2014年3月，青海湖水体面积为4 440.83km²，湖水容积达719.4亿m³。青海湖湿地属于“湖泊湿地”，是青海湖水质安全最后的生态保障，它的水质净化功能十分显著。据调查，青海湖湿地每公顷可去除1 000kg氮和130kg磷，为降解污染发挥了巨大的生态功能。青海湖湿地生物多样性丰富，是中国特有濒危动物普氏原羚的栖息地和繁殖区域，是特有水生资源动物青海裸鲤的主要栖息场所，更是水鸟栖息繁殖和迁徙的重要场所，有斑头雁、棕头鸥、渔鸥、鸬鹚、黑颈鹤、大天鹅等鸟类。

2013—2014年，国家林业局湿地保护管理中心委托中科院遥感地球所、国家林业局西北林业调查规划设计院针对青海湖鸟岛国际重要湿地开展生态系统健康、功能和价值评价。鸟岛国际重要湿地综合健康指数为5.87，健康等级为中；综合功能指数为7.80，功能等级为好。湿地生态系统总价值达64.31亿元。

监测数据显示，青海湖水体面积连续九年持续增长，由2004年的4 190km²增加到2013的4 440.83km²；青海湖区域鸟类由1996年的164种增加到2014年的222种；濒危物种普氏原羚数量由2004年的257只增加到了2014年的1 291只；青海湖裸鲤资源量由2002年的2 592t增长到2014年的4 5000t。

（二）青海湖国家级自然保护区基本情况

1997年12月经国务院批准，晋升为国家级自然保护区。保护区总面积为4 952km²，涉及青海湖整个水体和湖中岛屿及沼泽、滩涂、湿地和草原。青海湖国家级自然保护区位于青藏高原东北部，祁连山系南麓。介于东经99°36′—100°46′，北纬36°32′—37°25′之间。行政区划上涉及海南、海北和海西三州，共和、刚察、海晏和天峻四县。青海湖湖面海拔3 196米，水域面积4 440.83km²；年均气温1.1—0.3℃之间，降水多集中在5—9月份，雨热同期；每年从11月份开始，到翌年1月份气温处于最低区间，整个湖面形成稳定冰盖，冰封期年平均为108—116天。青海湖周围大小河流共40余条，均属内陆封闭水系，其中主要的七条河流注入青海湖，即布哈河、泉吉河、沙柳河、哈尔盖河、甘子河、倒淌河及黑马河，其流量约占入湖总径流量的95%（其中以布哈河最大，流域面积14 384km²，河长286km，年均径流量8.01亿m³，占青海湖流域地表径流量的52.9%，是青海湖的主要供水河流，也是青海湖裸鲤在初夏集中产卵繁殖的主要场所)。保护区内及周边地区野生动物资源丰富。据调查,共有鸟类222种、兽类41种、两栖爬行类5种、鱼类8种。其中国家一级保护动物8种,二级保护动物29种;属于《濒危野生动植物种国际贸易公约》的有38种;属于中日保护候鸟协定的有50种,中澳保护候鸟协定的有24种。区内栖息的各种鸟类数量达3万只以上,其中以水禽鸟类尤为优势,保护区尕日拉、泉湾及布哈河三角洲地区是大天鹅天然的越冬场所。保护区独特的地理环境,为野生动物提供了理想的栖息和繁衍场所,但是由于保护区点多、面广、战线长,保护任务艰巨而繁重,国际濒危保护动物普氏原羚因牧户草场承包拉设和加高网围栏等诸多人为因素的影响,每年挂死或挂伤在网围栏上的普氏原羚多达十几只,其生长繁衍环境堪忧。

青海湖广阔的水体对气候有显著的调节作用,也有明显的地方性气候特点,是阻止西部荒漠化向东蔓延的天然屏障,是水禽集中栖息地和繁殖育雏的重要场所,也是极度濒危物种普氏原羚的唯一栖息地。自然保护区气候属内陆高原半干旱型气候,地处中国三大自然保护区(西部干旱区、东部季风区、青南高原区)的交汇处,因而孕育了丰富多样的植物种类。青海湖自然保护区已查明的种子植物共计445种,分属于52科174属;湖中发育有藻类植物53种。

(三)社会经济文化状况

根据调查统计,2014年3月底,在109国道、环湖东路、环湖西路、青藏铁路线以内并向外延伸200m范围的牧户总人口50 422人,属多民族居住区域,有藏、汉、蒙、回、土、满、撒拉族等12个民族。少数民族占70%,其中藏族人数最多,约占总人口的68.61%,是环湖地区的主要民族。环湖地区经济收入主要以畜牧业及其附加产品为主,青海湖南岸(共和县倒淌河镇、江西沟乡)和北岸(刚察县)种植少量农作物,以青稞和油菜为主,并以油料作物和蜂产品为多种经营收入主要来源。

(四)科研与科普建设成效

1.保护区是科研和科普教育的天然基地。在实施自然保护区建设工程后,其保护和改善了自然保护区生态系统、物种、生物群落生存的环境,为进行各种生态科学研究提供了很好的条件，成为天然实验室。设立海心山、三块石、鸬鹚岛、蛋岛及布哈河三角洲、湖东普氏原羚栖息地等核心保护区，使其成为适何鸟类和濒危野生动物生存繁衍的地方。多年来，自然保护区一直与中科院计算机网络中心、中科院武汉病毒所等科研院所合作，开展鸟类生存环境及繁衍迁徙、鸟类疫源疫病监测等课题研究，实现微波视频全天候实时监控的同时，获取了鸟类重要迁徙地疫源疫病监测样本分析及自然保护区水鸟监测、植被检测及普氏原羚科研与保护等多项科研成果；青海湖国家级自然保护区是"全国科普教育基地"、中科院青海湖联合科研基地和清华大学生物科学与技术系社会实验基地，也是对社会公众进行自然环境与自然资源保护宣传教育的大课堂，增加人们对自然资源和野生动植物保护的了解，增强人们的保护意识。

2.保护区政策法规和保护意识逐步提高。其在认真贯彻国家有关自然保护区管理政策法规的同时，加大对自然资源与环境保护知识的宣传，编印了以保护区国家一级濒危保护动物普氏原羚为主题的"怀念没有围栏的草原"宣传挂图及《青海湖水鸟》《青海湖野花》等科普读物，赠送给保护区巡护员、群众和环湖地区各中小学师生，向广大群众宣传自然保护区法律法规和政策。通过多种形式宣传教育活动，结合湿地保护补助资金发放，使环湖地区群众逐步认识到湿地保护所获得的生态效益和经济效益，同时也认识到自身参与的重要性。制作《守鹤2》《迁徙的鸟》等科普视频，完善科普交互体验展示系统和《青海湖国家级自然保护区生态监测系统》演示平台。并将《守鹤》《守鹤2》《斑头雁的故事》等7部科普宣传片视频上传到青海湖景区管理局网站及保护区门户网站、优酷网和土豆网等多家大型视频网站，供社会各界浏览、学习。

二、鸟岛国际重要湿地专业场馆建设

为了更好地保护青海湖的鸟类资源和生态环境，减少人为干扰，营造一个人鸟同乐、亲疏适度的观鸟环境，青海湖景区投资建设的青海湖蛋岛生态观鸟通道项目于2010年5月1日正式投入使用。此项工程建筑总面积3 400m²，将传统的地上观鸟方式改为地下陷蔽式生态观鸟方式，由半掩体生态通道和观厅、旅游商店、环保公厕等配套设施，集游览、观鸟、休憩、科研多功能于一身，体现出人性化服务和细节服务理念。长达443m的蛋岛地下观鸟生态通道采用自然通光设计，不仅有宛如通向极美景致的时空隧道，通道内还集中展示了反映青海湖湿地和野生动植物标本，共有优美的生态风光图片400余幅；还配置了1台$2m^2$的LED大屏幕显示器和15台63英吋高清显示器，滚动播出青海湖生态环境保护成就及鸟类迁徙、栖息繁育等视频及图文资料。同时，还在游客休息区配备了6台电子触摸查询器，将青海湖浓郁的文化内涵和自然活力展示在游客面前，使游客仿佛亲临于青海湖千里风光线上，领略青海湖震撼心灵的大美。在半弧形观鸟室里，游客透过单身全封闭观景窗，近距离观察飞鸟栖息、嬉戏活动，体验人与自然和谐相处的乐趣。走进多功能厅，通过覆盖青海湖五个核心区的视频监控系统，同步观看青海湖鸟类繁殖重点区域内鸟类活动的细节场景，了解鸟岛利用现代科技手段保护鸟类的工作成就，感受科技观鸟的魅力。

青海湖蛋岛生态观鸟通道是游客了解青海湖、亲近大自然，接受自然生态知识教育的生态科普观鸟基地，也是保护青海湖资源，旅游发展进入科学利用的重要标志。

2013年7月1日，由教育部、中宣部、社科院、中国科协、新闻出版广电总局、共青团中央等多家单位专家领导组成的《全民科学素质行动计划纲要》实施工作“十二五”中期评估检查评估组，赴青海湖鸟岛国际重要湿地进行了实地检查评估。围绕“节约能源资源、保护生态环境、保障安全健康、促进创新创造”主题，在实施科学教育与培训基础工程、科普资源开发与共享、大众传媒科技传播能力建设、科普基础设施建设、科普人才建设等方面进行专题汇报，并实地踏查了蛋岛观鸟生态通道科普长廊、鸬鹚岛生态科普栈道等科普设施，查阅了保护区历年的科普教育工作档案，观看了保护区近年来编辑的科普视频和保护区编印的科普读物，还详细了解保护区利用网络信息技术开展网络科普教育的情况。7月3日，检查评估组在向青海省委省政府反馈评估工作时指出：“青海省充分利用特有自然资源，不断扩大科普阵地、丰富科普内容和形式，其中国家级科普教育基地青海湖自然保护区有400多m的科普廊，在没有任何科普经费的支持下，自发自愿地做科普，有着强烈的社会责任感。看过之后，深受教育、很受启发、备受鼓舞。今后将在适当时机，申请一些针对国家级科普教育基地的项目，支持那些工作成绩好的基地。”

三、保护区重点工作开展情况

（一）旅游品牌逐步形成，经济效益显著

进入21世纪以来，随着青海旅游业的不断发展和青海湖旅游品牌的逐年提升，以青海湖二郎剑景区为主的旅游产业逐步形成。2008年，青海省政府成立青海湖景区保护利用管理局，大力整合环湖地区旅游资源，规划和实施青海湖景区二郎剑、鸟岛、沙岛、仙女湾片区旅游基础设施建设，全面开展旅游环境综合整治，加快旅游服务基础设施建设，规范旅游行业服务标准等多项整改措施。2011年9月，青海湖景区被国家旅游局评为“五A”级旅游景区，由“省级名片”晋升为“国家名片”，由此全面带动了环湖地区旅游发展。环湖地区乡村旅游及牧家乐、油菜花照相、骑马骑牛照相、民族服饰特色照相等多种旅游经营收入成为当地群众致富增收和改善生产生活环境的重要经济来源。

（二）民族特色传统文化得到传承与体现

青海湖自然保护区以日月山为界，是青海东部农耕文化与西部草原游牧文化的分水岭。青海湖地区也是藏文化区，不仅具有藏文化区的共同特点，拥有藏文化区共有的民族风情、文化渊源，同时还具有自己独特的水文化特点，包括祭海、转湖等历史悠久的文化习俗；昆仑文化、西王母文化等也在一定程度上影响着青海湖地区的文化发展，构成了青海湖独有的文化氛围。这些特色文化在民族节庆活动、环湖藏族群众的日常生活中都得到了很好的传承和体现。

（三）社区共管取得实效，生态保护意识逐步提高

保护区的建立，在一定程度上限制了社区对自然资源的利用，甚至可能影响社区生存空间和经济发展，这样就容易造成两者的冲突。而当地群众长久以来崇拜自然、保护自然的朴素观念恰好与青海湖保护区的理念一致，所以保护区管理局创出了一条适合保护区与社区群众共同参与共同发展的“社区共管”之路，把主动权和利益让给群众，使群众真正体验到作为青海湖主人的荣誉感

和责任感，这既能解决保护区地广人少、难以管理的问题，又能从根本上解决环境保护与当地群众之间的利益矛盾。通过社区共管，大多数社区群众对保护生态环境和湿地的重要性有了深刻的认识，也使保护工作的开展更加人性化，在保护生态环境的同时比较充分地考虑了群众利益，使保护与发展相统一，大大改善了保护区与社区居民长期存在的“对立性”和“不协作性”。

四、自然保护区建设存在的问题

面对自然保护区生态文明建设与当地社会经济发展之间存在的矛盾，青海湖景区以实施生态环境保护、加大旅游基础设施建设等项目来带动环湖地区群众的共同发展，同时加大对环湖乡镇基础设施建设的支持力度，采取社区共管、共同发展等措施，这些取得了较好的成效。但也存在属地化管理、居住分散、个体和公共服务基础设施差、利益矛盾突出、草原生态植被人为破坏严重等问题。本文针对性地提出了如何扩大社区参与、发展乡村旅游等问题和增加群众收入、促进景地和谐发展等措施和建议。

(一)资金投入没有保障，保护经费严重不足

自然保护区建设及管理是一项社会公益性很强的事业，需要中央和地方政府财政保障投入。但是，长期以来，除了争取实施青海湖流域生态保护综合治理项目和湿地保护项目资金，保护区建设及管理没有规范稳定的投资渠道和经费来源。而青海湖国家级自然保护区管理范围面广、点多、线长，在疫源疫病监测防控、野生动植物保护及濒危物种繁育救助等重点领域的基本投资和工作经费严重不足，导致保护区基础设施建设滞后，监测设备日常维护、管理和运行工作难以落实，甚至造成保护区生态治理、科研等工作只能维持现状，无力开展生态环境综合治理等多项工作，这制约了保护区发挥多种功能的潜力。

(二)跨地区管理工作配合协调不够

自然保护区是公共资源的保护与管理机构。青海湖国家级自然保护区所辖海南、海北、海西三个自治州，共和、海晏、刚察、天峻四个县，区域内社会经济

文化发展属地化管理,地方各级政府对自然保护区在全省乃至全国的重要位置认识参差不齐,对生态系统的整体保护和利用不够协调,制约着自然保护区管理效率,并从青海湖水生生物保护、野生动植物保护、草原荒漠化治理等各方面严重妨碍着正常工作的开展,影响并危及了青海湖生态安全和环湖10余万群众的生存环境。随着青海湖旅游品牌的全面提升,旅游业逐渐成为第三产业的支柱产业而蓬勃发展,保护区管理工作业务范围进一步扩大,周边群众对保护区资源利用的压力越来越大,各部门之间矛盾多于和谐,保护区的管理、协调、执法等工作越来越重。

(三)土地权属和管理问题

自然保护区土地使用权证是争取国家生态环境保护项目和资金的必备条件。目前,青海湖自然保护区管理局除极少部分土地外,对保护区核心区绝大多数土地一直未能取得国有土地使用权证,无法争取到更多国家生态环保项目和资金,这也直接影响到申报世界自然遗产工作。

(四)措施落实不到位

从目前青海湖流域综合治理项目实施情况来看,尽管采取了禁牧、退牧、轮牧、减畜、移民、定居及黑土滩治理等多种积极有效的保护措施,缓解了人为过度利用自然资源而造成的破坏,有些地方的生态稍有恢复。但是很多地方出现了禁而不止、退而不减、定而不居的现象,效果不尽人意。

(五)对自然保护区(景区)中、长期发展规划宣传教育工作不够深入,群众认识不到位

通过调查来看,主要是省委、省政府对青海湖景区保护利用工作的深远意义、规划前景宣传力度和广度不够,群众对长远目标还没有具体的了解,误认为只要利用自己的草场开展零散粗放的经营,收益只要满足自己简单的物质生活需求就是发展。

(六)生态环境保护宣传教育工作力度不够,生态环境保护执法力度有待增强

环湖地区群众,特别是藏族群众历来对自然生态及野生动植物有着崇高的敬畏和保护意识,这对自然保护区的生态环境保护工作更加有利。但是大部分群众依然要求加大生态环境保护执法力度,对景区内违法挖沙取土、随意铲除草原植被修建房屋等追求个人利益的行为深恶痛绝。

五、加强湿地保护项目建设,构建环湖地区经济社会和谐发展科学架构体系

(一)正确处理推动经济发展和保护生态环境之间的关系,健全高效的环境治理体系

习近平同志指出:“保护生态环境就是保护生产力,改善生态环境就是发展生产力”。各级政府和主管部门立足从根本上解决环境问题,建立起覆盖区域经济社会发展各个环节、各个领域和各个方面的污染防控体系,从生产生活源头及全过程减轻环境污染湿地保护和生态环境建设是一项社会公益事业,积极争取地方政府对自然保护区建设管理工作的关心和支持,使自然保护区发展建设纳入当地经济社会发展规划,将自然保护区管理经费以及保护对象的损失补偿等纳入本级政府公共财政预算。

(二)贯彻中央顶层设计,牢固树立生态红线观念

生态红线观念的缺失,必然导致生态环境保护的随意性。对此,习近平同志特别强调,生态红线的观念一定要树立起来。这体现了我们党保护生态环境的坚强决心和坚定意志。环湖地区草场资源等长期过度消耗和利用,个别地方重要的生态系统退化趋势明显、生态环境脆弱。一些地方城市化进程继续深入推进,如不划定生态红线,耕地、草原、湿地等生态资源就很难保住,最终将失去

生存发展的根基。所以要注重环湖地区空间发展格局，制定保护区长远发展规划，划分生态功能区，统筹人口分布、经济布局、国土利用、生态环境保护，科学规划环湖地区生产空间、生活空间、生态空间；加快生态环境脆弱区治理进程，扩大退耕还林、退牧还草、湿地补偿、防沙治沙规模，确定青海湖水源涵养区、生态屏障保护区，把生态环境状况脆弱地区，特别是林地、湿地、荒漠植被和物种等生态红线标准设置更高一些，是生态脆弱区得到切实有效治理和保护，从根本上扭转生态环境持续恶化的势态，为子孙后代留下天蓝、草绿、水净的美好家园。

（三）加大生态环境保护宣传教育工作力度

环湖地区群众，特别是藏族群众历来对自然生态及野生动植物有着崇高的敬畏和保护意识，对自然保护区的生态环境保护工作更加有利。在此基础上，利用广播、电视、报纸、网络媒体等多种形式，开辟专栏宣传省委、省政府成立青海湖景区保护利用管理局的重大意义，使群众理解和认可保护利用工作的目标任务，从而以实际行动支持青海湖景区中、长期发展规划的实施。在此基础上，将环湖地区的生态环境保护宣传教育工作侧重于相关法规的推广，在乡村、社区中广泛开展《中华人民共和国野生动物保护法》《中华人民共和国自然保护区条例》《青海湖流域生态环境保护条例》和相关知识宣传教育活动，增强群众保护生态环境的法制意识，进一步提高群众生态保护意识。

（四）加大项目实施力度，扩大实施范围，让更多群众得实惠

在逐步完善青海湖景区旅游基础设施的同时，积极争取青海湖环境综合整治项目、草原生态恢复及高效畜棚养殖项目和湿地保护补偿资金，实行湿地封育、禁牧、群众协管等措施，增加群众收入。

（五）加大基础设施投资力度，改善群众生产生活环境

结合当前景区与地方政府为创建民族团结进步先进区这个共同目标，切实加大协作力度，争取实施有利于湿地保护和群众生产环境改善、生活条件提高的基础设施项目建设。在村镇定点设置垃圾箱，统一收集处理等具体措施，完

善基础设施建设，扎扎实实地办几件实事，给群众看得见、摸得着的实惠。

(六)引导和帮助群众走生态经济型的发展道路

探索发展生态畜牧业、生态旅游的路子，在法律法规允许的范围内统筹规划，规范管理，有序经营；实施新能源替代工程等多项措施，加大保护区及环湖地区光伏能源建设资金投入力度，并通过开展培训、外出参观等途径，加强乡镇、村能力建设，提高环湖群众油菜等经济作物和牲畜经营管理水平，探索适合环湖地区条件的经济发展新途径，增加群众就业机会。

(七)坚持走保护优先，合理利用的发展道路

湿地保护与合理利用是目前较为突出的矛盾，而自然资源合理利用和生态旅游则是解决这一矛盾和提高自我发展能力的途径之一。因此，加强自然保护区与环湖地区各级政府和部门之间的沟通协调，正确认识湿地的保护和利用之间的关系，坚持保护优先，合理利用的原则，有效保护自然资源。

我们必须清醒地认识到，湿地保护及生态环境保护在当前面临着一些新的挑战，特别是加大对青海湖鸟岛国际重要湿地保护力度，充分发挥湿地主题场馆的科普宣教作用，合理利用旅游资源，正确引导和规范开展生态旅游，对推动我省实施“三区建设”和创建青海湖民族团结进步先进区及环湖地区社会经济等各项事业发展至关重要。通过出台相关政策，进一步完善管理体制，依法保护自然保护区湿地资源，能有效地推动生态环境保护事业科学发展。

参考文献

[1] 国家林业局野生动植物保护与自然保护区管理司. 国家级自然保护区工作手册[M]. 北京：中国林业出版社，2008.

[2] “推进生态文明建设　探索中国环境保护道路”课题组. 生态文明与环保新道路[M]. 北京：中国环境科学出版社，2010.

[3] 国家林业局世界银行贷款项目管理中心. 自然保护区管理手册[M]. 北京：中国环境科学出版社，2009.

[4] 郑杰. 青海自然保护区研究[M]. 青海：青海人民出版社，2011.

[5] 赵树丛.林业重大问题调查研究报告[M].北京:中国林业出版社,2012.
[6] 中国科学院青海湖联合科研基地,青海湖景区保护利用管理局,青海青海湖国家级自然保护区管理局,等.青海湖科研保护成果汇编[G].青海:2012.
[7] 李军.走向生态文明新时代的科学指南[N].人民日报,2014-4-23(7).

博物馆在中小学教育中的作用

高　燕
（洪泽湖博物馆）

【摘　要】本文将博物馆的教育资源与中小学教育相结合并对比进行阐述，重点阐述博物馆的教育作用和宣传路径，为中小学走进博物馆提供借鉴意义。

【关键词】博物馆　教育功能　宣传路径

前言

美国《简明不列颠百科全书》指出：博物馆是征集、典藏、陈列和研究代表自然和人类文化遗产的实物的场所，并对那些有科学性、历史性或者艺术价值的物品进行分类，为公众提供知识、教育和欣赏的文化教育的机构、建筑物、地点或者社会公共机构。博物馆的收藏品绝不是一堆死物，而是要借助它来传承人类文明，与绵延相续的人类进行持久的对话。在人们常说的博物馆具有收藏、研究与教育这三大功能中，收藏与研究的归结点是教育，现今，博物馆对整个社会的教育功能也受到愈来愈多的关注与重视。

一、教育功能

博物馆是社会文化教育机构，也是全民素质提升的重要场所。博物馆应成为青少年的第二课堂，社会大众的终身学校。以下针对中小学走进洪泽湖博物馆的教育作用进行系统分析。

(一)历史知识构建与积累

博物馆是历史的沉淀,文化的积累,任何博物馆都蕴含着丰富的知识力量,通过与人的相互作用,从而达到化人育人的社会效果。博物馆通过真实、生动、深刻和形象的陈列,结合声、光、电以及高科技手段进行展示,给学生以视觉冲击和空间遐想,从而帮助学生更快速吸收和积累知识,在自己的脑海中构建知识模型,不断学习和重组,从而达到自动化的学习效果,这是一般教室授课无法达到的教学效果。例如在洪泽湖博物馆内,将洪泽发展史分不同的时期和朝代进行展示,每一个时期陈列是独立的,因为都有一个主题,并围绕这个主题进行陈列。这样中小学生朋友在参观中,每到一个时期,只要记住当时的主题,便很快掌握这一时期的洪泽历史发展状况。同时,每一个时期也是相互联系的,这一时期的发展情况,通常会影响下一时期发展趋势,这样在参观学习中更容易系统掌握和梳理知识结构,形成知识链,有利于学生知识的构建和积累。

(二)本土文化的渗透

洪泽湖地区是历史悠久、文化发达的地区。旧石器时代晚期,就有人类在此繁衍生息。21世纪是高速发展的国际化时代,更是力求倡导和谐社会的时期,这种和谐不仅仅体现在口头上,更应该体现在行动上思想上,通过组织中小学生走进洪泽湖博物馆,学习博物馆所折射的家乡文化精神,培养孩子们热爱家乡的感情,激发全校师生深入挖掘洪泽文化,加强传承和弘扬洪泽本土文化的信心和决心。

当走进洪泽湖博物馆,我们可以一探数千年来洪泽湖地区发展的史实和主要成就,在学习知识的同时将深深折服于洪泽历史上前辈们不懈的努力拼搏,如老坝工郭大昌,誓与堤共存亡的蔡天禄以及朴学大师丁宴等等,每一个英雄人物背后都有一个生动真实的故事,更是一种崇高精神的昭示。他们有的公正廉洁谙熟河工技术,有的面对危险从容应对,有的满腹经纶,治学数十年,硕果累累。从中我们学到的不仅仅是知识,更有思想的感化和震撼,是一种坚韧向上的精神动力。身处于这样的环境中,对前来参观的同学生们说:“要热爱自己的国家,热爱自己的家乡,树立崇高远大的奋斗目标,做一个有韧性、对社会有用的人”,有助于突现出更大的教育意义。

(三)社会责任感的培养

博物馆是一个面向社会大众开放的场所,其当然离不开志愿者的服务,联合国前秘书长安南曾说:“志愿者精神的核心是服务、团结的理想和共同使这个世界更加美好的信念。”从这个意义上来看,做博物馆志愿者,为社会大众讲解服务就是一种奉献,而这种奉献精神具有极高的自愿性、选择性、参与性和感染性,“小小讲解员”的活动让众多中小学生从志愿者做起,学会服务大众,服务社会,在服务他人过程中获得人生快乐,培养积极向上的生活态度和乐于助人的奉献精神。同时在讲解中面对不同的参观者时,更要学会因人而说,学会理解和体谅他人,逐渐学会做一个有包容心和爱心的人,有助于将来更快更强的适应社会生活,培养社会责任感和仁者之心。

二、推广路径

博物馆如何与中小学校更加紧密结合,在这方面我们要打开思维寻找合适的方法方式,我们应尝试新的“路”,为博物馆走出深闺大宅寻找新的捷径。

(一)植入新理念——小手牵大手

在博物馆宣传过程中,要加大对中小学生朋友的教育,要抓住小朋友们的兴趣,这就需要增加他们对博物馆的兴趣与参与度,通过一些形象、生动和高科技的陈列,吸引小朋友的眼球,同时要运用讲故事或者设悬疑故事的方式引领小朋友进行探究,更要编写一些适合中小学生朋友的解说词,便于他们理解和掌握,并能了解故事背后所传达的文化意蕴和精神所托。大家都知道,有小朋友参与的活动,当然少不了学校和家长的参与,让小朋友带领他们的老师家长亲戚参与到其中,实现“小手牵大手”的传播理念。

(二)反客为主——培养小小讲解员

博物馆和附近中小学取得联系,招募部分小小讲解员,发挥小朋友们的主人翁精神，让中小学生走进博物馆，担当讲解员的角色，为社会大众服务，这一过程是在前面的基础上实现的，只有自己知其所以，才能为他人道其所以然，这一过程不仅仅是说出某一事件的发生那般容易，更不是背背讲解词，需要考虑对方的年龄层次和接受知识能力，考虑以何种口吻进行交流比较合适，以及最佳的讲解方式，其中涉及自我表达、手势语、自我仪态以及文化之间的差异等等，这样的平台是真实的锻炼舞台，通过锻炼，助长才干，锻炼胆识，做一个能说会道彬彬有礼的博学人。

(三)建立基地——博物馆学校互动

博物馆一直发挥着辅助教学、科学研究等作用，其辐射面较窄，我们应该积极采取措施，将“走出去”和“引进来”相结合，使博物馆进一步走出深闺，服务社会，成为中小学生民族教育、爱国主义教育的基地，真正发挥博物馆的独特资源优势。

2006年6月，淮安市人民政府授予洪泽湖博物馆爱国主义教育基地的铜牌，成为全县中小学生的民族教育、爱国主义教育基地。博物馆是保护、研究和传承人类历史文化遗产的教育机构，对中小学生素质教育起着重要作用。让中小学生了解数千年历史，不断增强他们对民族优秀文化的认同感和自豪感，激发兴趣，振奋民族精神，激扬爱国爱家乡热情。

(四)趣味学习——互动游戏竞赛

中小学的教育，不论在教室里还是博物馆里，都应该是生动形象的。尤其陈列展览的内容要充满趣味性、知识性和科学性，让学生主动参与。博物馆可以定期举办知识竞赛，邀请中小学生参与，让他们在比赛中学到知识，培养团结精神和拼搏意识。例如每年“缤纷冬日”“七彩夏日”活动中，洪泽湖博物馆针对洪泽县实验小学、洪泽湖小学举办了各种知识竞赛和游戏，内容丰富有趣，吸引了校内外的小朋友均来参与，通过提出问题，让学生分组完成，小朋友们积极穿梭在博物馆里，兴趣盎然的寻找答案，看到他们时而分头寻找，时而聚合讨论，最终结果不一而致，让人难以忘怀，但其学习的过程更让人回味无穷。这样的一天一定是小朋友们难忘的一天，也是充实的一天，在玩耍中学到知识，在合作中学会辩论，在竞争中学会礼让。同学们在这里即增长了经验，也学到了课本上学不到的历史、文物知识。

三、总结

与正规的学校教育相比，博物馆在丰富性、形象性、趣味性上占据明显的优势。为了全面推进中华民族的素质教育大业，博物馆应该积极配合中小学校，发挥出这种优势，担负起历史赋予的光荣而重大的责任，帮助中小学生形成正确的人生观与价值观，培育其人文素养、公民意识与创新能力。博物馆只有采取正确的方法进行引导，将深厚的文化资源优势与学校教育密切结合，才能实现其开展社会教育的真正目的。博物馆的教育功能是博物馆收藏和研究功能的进一步延伸与拓展，唯有教育功能得到淋漓尽致的发挥，博物馆的收藏和研究功能才算真正落到了实处，也才会反过来推动这两种功能的逐步深入，最终使博物馆事业蒸蒸日上。

参考文献

[1] 刘先萍，王自友. 高校博物馆与中小学教育挥析[J]. 新华教育导刊，2011(7).

[2] 金红宇. 博物馆在中小学教育中的功用[J]. 福建论坛：社科教育版，2011(5).

[3] 孙婉姝. 博物馆教育功能理念的新探索[J]. 信息管理，2009(1).

[4] 宗旸. 充分发挥博物馆教育功能的一点想法[J]. 大众文艺文博论坛，2008(10).

关于湿地博物馆中静态与动态展示手段综合应用的探讨

夏宇飞
(北京安达文博科技有限公司)

【摘 要】湿地博物馆在展览展示设计上多以景观复原、图文展示以及相应的多媒体延伸为基本手段，展示湿地景观、湿地与人类关系和社会发展等核心内容。其中的标本模型或场景等静态展示仍然是湿地博物馆的基本方式。随着科学技术的发展以及观众参观需求水平的提升，动态展馆、互动展示方式越来越成为湿地博物馆不可或缺的项目，但互动如何结合静态展示，如何提升知识，怎样适度，日益成为人们普遍关注的焦点。本文在对动态展示手段必要性与静态展示提升空间分析的基础上，从观众观展与配套服务需求、展馆目标定位以及实践经验建议三方面论述互动性展项在提升静态展示功能，让博物馆更好地为观众服务，实现其教育功能和社会价值。

【关键词】展示手段 适度性 湿地科普 教育功能 生态文明

我国的湿地，拥有广阔的面积、丰富的类型和丰富的物种，在全球湿地保护中处于重要地位，已经成为国际湿地和生物多样性保护的热点地区。与湿地相配套，随着社会经济的发展，人民群众对生态环境重视程度不断提升以普及生态知识、宣传生态文明为核心内容，兼具为游客提供服务的湿地博物馆或访客中心，作为湿地保护区的重要设施，也蓬勃发展起来。如何充分展示湿地的类型、生物多样性、生态功能，展示湿地的演变、发展，以及湿地与人类的关系，成为这一类主题博物馆建设的重要任务。

目前国内建成的湿地博物馆主要有中国湿地博物馆、黄河口湿地博物馆、莫莫格湿地博物馆、宁夏沙湖湿地博物馆、甘肃张掖湿地博物馆等，担负着湿地科普教育以及湿地科学研究等功能。大多数博物馆常用的展示手法，多以景观复原、传统图文和多媒体延伸相结合，展示湿地景观，湿地与人类的文化、生产、生活及社会发展等核心内容。纵观湿地博物馆的展示内容与环境设计，以上提到的几家博物馆均在湿地科普教育、环境宣传以及促进地方旅游事业与经济发展等方面发挥了非常重要的作用。但随着时间的推移，展示技术的进步，展览理念的更新，有些问题也渐渐显现。其中，展馆的藏品展示与场景还原这两种传统的静态展示上，需要博物馆从业人员、展馆策划与设计人员以及有关领域专业人士共同探讨与关注。

一、展览陈列动态化的必要性，需要注意的问题

随着博物馆理论的发展以及多元化实践经验的积累，以藏品为中心，注重技术与方法，以学术性专业化的精英主义为发展策略，静态展示，让观众被动地接受信息的教诲式参观方式的传统博物馆学理论得到突破，转变为更强调以人为本，从传统博物馆奉为准则的典藏建档、保存、陈列等功能中转移出来，关注参观者的需求和展馆的教育价值，让博物馆成为一种以全方位整体性与开放式的观点洞察世界的思维方式。简而言之，就是加强观众参观的主动性，让博物馆的展示内容动起来，活起来，让观众在学习湿地科学知识的同时，更去享受学习知识的过程中带来的愉悦感或兴趣。动态性展示有更加灵活多样的表现手法，给观众以更大的自由去选择自己喜欢或适合的参观方法。动态展示也有更大的信息承载能力，能够满足不同年龄、不同层次的观众对于知识内容不同的需要。让观众能够主动地去参与并选择适合自己的方式和内容深度、难度，是动态性展示活跃的根本所在。

由于中国大陆范围内大多数湿地博物馆都是在进入21世纪之后才兴起的产物，因此在基本理论、展示理念上均能够直接吸取最前沿最先进的展馆策划与设计理念，为湿地博物馆未来发展提供了足够的经验和注意事项，奠定了良好的物质与理念基础。尤其是2010年上海世博会，以及之后湿地领域及湿地博物馆行业国际化交流的增加，对增强互动性、参与性、趣味性已基本形成了共同的认识，湿地博物馆的建设也重视高科技、多媒体相关的新展示技术的引进

和使用。为观众带来了较好的参观效果和学习空间。但是,高科技展项的泛滥趋势和显现的问题,也引起了不少业内人士的讨论与思考。

通过实践观察,除去能源消耗、辐射等问题,过度依赖高科技多媒体展项最大的问题莫过于转移了观众参观的注意力,尤其是自制力不强的青少年观众,让他们忽视对内容的观看学习,而仅仅将展项作为游戏设施摆弄,或者由于对互动方式的审美疲劳,只看部分内容便忽视其他,让对互动操作兴趣的丢失影响到知识学习,如此一来,博物馆三个目的之中的教育与欣赏便会大打折扣,对博物馆社会价值是一种损害。

二、湿地博物馆静态展示应用及其提升空间简析

作为博物馆,在关注观众需求、动态化展示、吸引力的同时,并不能否认藏品在博物馆重点独特作用。依照2015年最新颁布的《博物馆条例》,博物馆被定义为:以教育、研究和欣赏为目的,收藏、保护并向公众展示人类活动和自然环境的见证物,经登记管理机关依法登记的非营利组织。收藏是首先被提及的词语,而博物馆的物质基础也正是在有自身特色的展品之上。

例如在项目的学习以及工作实践中,扎龙湿地有馆藏的丹顶鹤标本和征集的满族文化藏品;张掖湿地兼具自然特征和多元化人文特征,里面以馆藏的珍稀鸟兽,以及征集借调或复制的文物,综合展示张掖作为丝路明珠的自然史和人文史;在长沙洋湖湿地科学探索中心,由于主管单位没有标本、模型等收藏,在设计结合其城市中心湿地的特征,计划向市民征集或按照市民日用生活用品购买,这样反倒突出了其博物馆所在地特色,并拉近了和普通人的距离。

湿地博物馆作为湿地生态知识普及的场所,如果没有实物藏品支撑,全部的高科技声光电也会产生问题,降低参观质量,在目前所竣工的场馆之中,大多数展馆仍然以地域特色为考虑,选用大量的标本或仿真模型,以还原植被与水文为基础的场景演示,作为主体展示元素进行展出。

根据目前已竣工的展馆来看,湿地博物馆当前最重要的藏品是动物标本或仿真模型,尤其是鸟类标本。因为鸟类是湿地的主要物种,湿地为鸟类提供水源、食物、休息或繁殖场所通常都是鸟类迁徙路线上的重要中转站或居住地,甚至有鸟类天堂的美誉。多样的动植物,物种基因库的称谓,是湿地吸引人的一

个重要因素，但也正是由于有生命动物活动的不确定性，它们的直观信息，人们并不能很好地从湿地保护区或景区现场直观观察了解，对于小型动物或者微生物更是完全无法找到，因此，生物的主题单元，在湿地博物馆中必定是一个非常有吸引力的内容，观众来到博物馆，心理上会尽可能多地去了解不一定能直接看到的动物植物，或者微生物。因此，标本或仿真模型的展示以及这方面知识的科学普及，必将成为观众关注的主体。

在这一方面需要注意的问题，可以作为静态展示问题与提升空间的一个缩影，在这里结合工作实践略做分析：

第一，动植物藏品必须保证标本或模型本身的制作质量，如果出现做工粗糙或损坏，那么对观众参观的兴趣是灾难性的，甚至会影响到观众对博物馆的评价。任何参观过程的优化，均需要引起观众在这一过程中心理的微小触动和变化，而外观精美的标本和模型，其抓住的就是人们最基本的追求美丽的心理，其所展现的吸引力，并不亚于任何互动展示，甚至不需要互动手段，就能吸引观众围拢观看。这种观看的心理是一方面追求细节，另一方面追求全面，以及寻找和此展品有关但肉眼看不到的信息。在此基础上，利用现在高新技术的移动设备以及 APP 软件，就能让观众和藏品进行最简单而高效全面的自主互动参观体验。这一点在同为自然类并以标本陈列为主的上海自然博物馆中，能够得到验证。上海自然博物馆设置的六个 app 互动藏品，均有较高的观众驻足率以及观览评价。

第二，肉眼看不见的生物对于观众来说是非常神秘并可以期待的，也是因其好奇心理使然而造成的一种参观需求，而且，微生物虽然肉眼不可见，但是它们在湿地生态中扮演的角色是绝对不能忽视的。另外，微生物有着我们难以想象的纤维结构，其视觉效果与学习过程，都有巨大的价值，再加上多样的种类与变化多端的形态，观众的好奇心和享受求知过程的心理需求均能在此得到很大满足。因此，在展示内容策划的工作中，这一部分的知识信息我们应当充分学习挖掘，展示给观众，让观众更细致更全面地了解湿地，了解保护环境爱护自然世界中的更多细节。细微的了解往往能收获更真实的情感，而这种热爱自然环境的情感正是湿地博物馆希望告诉观众的。

第三，“看不见”这一概念延伸开来，还意味着观众不可能充分领略世界所有的湿地，因此，这一方面的静态展示在目前质量较高的几个场馆中，也是不可缺少的内容。这一方面的关键在于真实感和亲近感。例如中国湿地博物馆内设置的中国几大湿地的场景，虽然均为静态，但是极高的绘画质量就已经能够让观众产生身临其境时的心理变化，再加上相关的互动多媒体、音视频以及体验地下水下的亲身参与性互动设置，这样多感官多维度的动态展示辅助，结合静态场景与标本，给如何用造景宣传湿地知识提供了一个良好的范例。

三、如何处理好静态展示与互动的关系

处理好静态展示与互动的关系，让适度合理的互动提升观众参观质量，提升博物馆教育功能，并非某个展项展示手段的创意，从内容策划与指导设计工作的角度讲，需要从博物馆的观众需求、展览目的目标、展示手段分析整合各方面进行分析。

（一）以人为本，了解观众需求

以人为本是当前所有博物馆建设的一个重要原则，其意义就是把传统的以物为导向的理念转变成以人为导向，要做好一个博物馆，既有知识性、又有趣味性互动性、以人为本、了解人们的需求就是首要的工作。根据人本主义心理学家马斯洛（A. H. Maslow）的理论，人的需求分为不同的层次，最基本的是生存需求，这一需求满足后，还有更高层次的需求，即发展的需求。人们在发展的过程中不断完善，以实现最高的自我实现的需求。而湿地博物馆在自然生态方面的教育功能，就是要发挥个人潜力，使个性得到全面发展。

首先，在参观湿地博物馆的人群中，接受教育的主体必定是青少年及儿童群体，这一群体的特征是有很强的好奇心和求知欲，正处在学习知识的高峰期，而且除去他们本身的需求能吸引住未成年观众的展品更能吸引住相关的，以家长和老师为代表的成人群体，这部分人的参观是与未成年观众紧密相关的，如果未成年人被吸引住，那么这部分成人也必定被吸引在博物馆内，进一步说，这部分成年人接受湿地博物馆展示信息的同时，对自身的文化素质、生态道德也是一个提升，由此可以继续教育未成年观众，间接帮助博物馆更好地实现其教育功能和社会价值。

再者，观众需要接受教育的需求往往是终身性的，每个阶段都有不同的需求。作为社会教育的开放式机构之一，湿地博物馆应当担此重任，满足人们终生学习的渴望，并以实际行动，吸引观众终身学习。

(二)明确博物馆目标

在湿地博物馆的策划与设计工作中，在分析并尽量满足观众参观需求的基础上，对设计要有一个整体性的目标，避免为设计而设计，为创意而创意的行为，避免互动创意零散化以至于和展示单元主题关联性下降，而造成观众关注互动操作游戏大于关注互动所要传达的信息内容本身。

湿地博物馆的核心目的是环保，关键的工作是让观众认识自然、了解自然。其所展示的信息内容，需要关注湿地保护、了解人与湿地关系，提倡环境保护教育。湿地博物馆的展览展示应该有贯彻其功能的非常明确的主题，一切内容都为了突出这个主题。主题的确定要根据湿地的特色和所处自然与人文环境特色，以及观众渴望寓教于乐学习的需求，并经过量化市场调查，反复论证后方可做出决定。湿地博物馆在考虑社会教益的同时，也要注意经济发展，处理好博物馆崇高目标与市场需求的关系。

为了使观众充分理解主体，认同目标，则动静结合的展示方式需要保证观众的潜能得以发挥，互动性与试验这类手脑并用的参观方式，再根据展馆所在不同湿地的特征，进行针对性的策划与设计，力求打造一个观众口碑良好，有收获和提升的湿地场馆。

(三)根据需求和目标，合理安排互动方式与相关技术

该怎么样让湿地博物馆动静结合的展示方式具有合理性，尤其保证高科技声光电辅助展项的适度，是一个需要探讨的话题。总结一些当前所见到的经验，归纳起来，有如下几种：

1. 追根溯源，也就是对观众直接从自然中获取知识的方法进行溯源和梳理，例如观察，收藏，记录，对比，思考等，明确这些方法的前提之下，进行展示内容的设计。例如，让观众了解湿地鸟类，则可以利用生物学家或摄影爱好者拍摄观察记录鸟类的过程，将相关设备用数字化、简便化的互动展项引入展馆，以

标本为基础，用某一图像获取设备获得鸟类图片，并将信息转移到某个记录屏幕或者自己随声的移动设备之上，通过相关联的数据库应用，以及知识引导和比对的过程，让观众自己经历一个获得知识的过程，如此一来，看似死板的藏品陈列便能够与观众产生互动，这一过程还原了学习的过程，其结果又收获了知识。有几种的目标，系统的设计计划，最后用相应的技术使之实现。

2. 真实设备体验。现今博物馆虚拟化科幻化的互动风格，其效果固然能够吸引孩子目光，但不是很接地气的形式，通常也是造成审美疲劳的一个因素，不能保持吸引力的长久性，因为能够长久吸引人的实物，多是和被吸引者密切相关的。例如，同为增强现实的互动多媒体屏幕，如果直接做成屏幕放到标本藏品前面，由于博物馆中必定不止一个屏幕，自然会造成视觉疲劳，造成观众兴趣下降。而从国内外当前对增强现实观察设备的设置来看，注重细节，契合单元主题，将其制造成望远镜或照相机的风格，贴近观众生活，配合高质量的虚拟画面演示，会产生更好的效果。现阶段，增强现实的望远镜或照相机均在各大博物馆里成为受观众欢迎，操作人数较多的互动设备之一。细节的小改变，往往能够决定互动方式是否适度。要么力所不及，要么过犹不及，关注细节，才能掌握度的合理性。

3. 要充分考虑观众非观展需求，并使之与展示产生关联。参观博物馆是一个知识的学习过程，也是一个体力消耗的过程。人们在参观过程中，必定会因为长时间走路或站立而疲劳，因此，休息区域的设置与服务是必要的。近年的新建博物馆逐渐接受一些国际上常用的经验，将休息、餐饮、学习或创作空间设置在展示内容附近，便于观众在参观完成后可以借余热继续进行学习，趁热打铁收获更多更深的知识。另一种则是直接在展示区域内，结合藏品以及环境设计风格设置休息区，让观众在欣赏展览的同时能够得到休息，为教育功能实现间接的便利。

4. 解说词写作必须注意环保理念。不少观众对于动物的认识，还带有着某种动物的珍贵是因为它们的肉是否好吃，它们的皮毛有什么用，它们的哪个部位能做药，或者哪里能够抓到这种动物养起来观赏等错误认知博物馆讲究以人为本，但要具体问题具体分析，谈到这类破坏自然的人类行为时，决不能以人为本，应批判以人类中心观念，强调人与自然和谐为重，警示的同时，用自然的美丽以及人类追求美好的心理去引导人们爱护自然，加强人文教育，培养道德素质,教育观众怎么做人,学会正确对待自然。

湿地博物馆,无论静态展示还是互动展项,其动静结合,灵活多样的方式,都是为了向人们传播了解湿地,爱护自然,保护动物,生态文明的理念。适度的运用,活跃的气氛,必将更好地为观众的参观需求服务,进而让观众收获知识,生长对自然、对生态、对生命的爱心,实现湿地博物馆在环保方面的教育目的和生态价值。

参考文献

[1] 甄朔南. 甄朔南博物馆学文集[M]. 北京:北京大百科全书出版社,2004.
[2] 拜恩 T. 自然的历史[M]. 傅临春,译. 重庆:重庆大学出版社,2014.
[3]博寇 G. 新博物馆学手册[M]. 张云,曹志建,吴瑜,等,译. 重庆:重庆大学出版社,2011.
[4] 华春. 青少年应该知道的湿地[M]. 北京:团结出版社,2009.

基于生态、人与自然和谐的湿地博物馆创新设计

张 彪
(首都师范大学美术学院环境设计系
北京安达文博科技有限公司设计部)

【摘 要】湿地博物馆作为中国新兴起的一类博物馆,它的建立都是在摸索的道路上行进。文章通过研究湿地博物馆的展示创新设计理念,从文化、题材、氛围等设计方式与方法入手,探讨环境心理、创新设计原则,以及如何体现湿地的生态和地域特色,营造自然之势传达情感信息、引起观众共鸣。

【关键词】湿地博物馆 环境心理 展示设计 创新原则

1996年10月,国际湿地公约常委会确立每年2月2日为世界湿地日,每年湿地日确立不同主题,围绕主题开展各种活动提高公众对湿地的认识,促进湿地保护。1997年,第一个世界湿地日主题为"湿地是生命之源",强调湿地本身的生态价值,是人类对湿地的初步探索;1998年、2003年、2006年、2007年以及2013年以水为主题,是对湿地之水与人居环境关系的更深入研究;2004年"从高山到大海,湿地在为我们服务"和2005年"湿地文化多样性与生物多样性"的主题下,人类对湿地的经济价值、文化价值等认识提高,为进一步合理利用湿地、发挥其经济效益做铺垫;2012年"湿地与旅游"、2014年"湿地与农业"是呼吁湿地与人类发展顺应的体现,是湿地生态保持与人类发展可以共生且双赢的契合点。每年湿地日的主题,折射出人们对湿地保护目的的变化,从单纯保护到保护与利用,再到追求利用的合理性、科学性和经济效益性,这是一个趋于生态、人与自然和谐的过程,趋于完美但并不完美的过程。湿地博物馆不管是建

筑还是室内，都要营造生态、人与自然的和谐，带给观者心灵的震撼，提升湿地景色在观者心中的美感，促进公众湿地保护的主动性与积极性。

一、博物馆与湿地保护

如何让湿地博物馆在湿地保护上起到积极作用，就是要利用博物馆的外部空间，景观的自然生态空间和博物馆内部环境空间，通过展示内容等共同塑造，提升湿地文化氛围，增强湿地保护宣传，抓住观者心理感受和情感体验，这是设计师规划时综合考虑的重要因素。

随着社会进步，人们对湿地的保护政策和方法有了更深刻的认识，从原来单纯保护到对湿地实施恢复、重建和迁移，抑制湿地减少，扩大湿地面积，其中积累的经验、科学方法都可在湿地博物馆中得到系统、全面的展示，这不仅是对知识的传播，更是对湿地未来的见证。从保护方法与途径来说，各国大都相同且趋于全面，制定法律法规、创设湿地保护机构、建立湿地各种形式保护区和湿地公园、举办宣传湿地保护活动等。近年来，中国就湿地保护做出新的调整与建设，"黄河口湿地博物馆"及"中国湿地博物馆"的建设，拉开了中国湿地博物馆的帷幕。这一调整将湿地保护带入到一个信息集中、更具权威的新的阶段。

二、湿地博物馆展示定位

（一）文化定位

湿地博物馆的存在意义是在收藏、展示湿地展品（或物种，或景观特色，或人与湿地、物种与湿地的关系）的同时，继续发挥其研究功能，为各类湿地研究者提供服务，助其完成对湿地某一方面的探究，充实湿地知识，同时教育功能与旅游功能结合，在观者的娱乐中完成对湿地的宣传。湿地博物馆造势的氛围要时刻围绕主题——湿地，虽然展示内容、形式不同，展示空间变化丰富，造势手法多种多样，但都要营造湿地这一特定的环境，在表现人与湿地和谐共生时，不能偏离湿地景观的主题，而表现人对湿地破坏时，环境表现虽然沉重，但也应立足于湿地环境之上。

湿地博物馆的环境设计与表现，就是充分营造湿地特有的形式与态势，在向观众展示湿地之美、普及湿地知识的同时，通过态势的精神力量刺激观者感观、调动观者情感，使其留下深刻记忆，让尊重自然、爱护自然、人与自然和谐发展的理念深入其心，引发其对湿地的保护欲望，共同推动保护湿地活动的建设。

(二)题材定位

把湿地博物馆展品进行归类，可以分为几种表现题材，这使得同类题材的造势展示有迹可循，能够避免形式的混乱，形成生动、趣味、又统一的环境风格。根据湿地博物馆展品的属性、内容和形态，可将展品分为湿地景观类、生物物种类、物种与湿地关系类、人类与湿地关系类四种展示题材。湿地景观类主要以展示湿地的景观特色和景观形态为主要内容，可以用文字阐述、图片和模拟场景展示、多媒体技术展示等造势手法，意在让观者在声情并茂的氛围下轻松了解湿地风貌，品味湿地之美。生物物种类题材主要讲述在湿地赖以生存的动物、植物，展示形式包括文字、图片、模型与视频，造势手法主要为单品陈列展示和场景模拟展示，单独的普通物种作为单品展示，要依靠展示的布局进行大小、疏密等设计，一方面配以灯光、色彩的烘托营造氛围，另一方面用不同物种多样性及同类物种多样性的特征展示大量物种，在数量上造势。物种与湿地关系类和人类与湿地关系类主要突出展示物种、人与湿地的关系，各类物种在湿地如何生存、人如何利用湿地，生存过程隐含其中，场景模拟和数字技术的应用更容易营造特定氛围，展现文化内涵，对活动或关系的造势增添展示的趣味性、生动性，更贴近生活的同时也更贴近人的心灵，引发观者情感体验和心理感受。

三、湿地博物馆展示创新原则

造势是为了在展示空间内制造湿地的氛围，是博物馆外部湿地景观在内部空间的延续，这种延续使观者在室内也能欣赏湿地之景，体味湿地利用中的各类形式，并弥补湿地季节性景观的观赏缺失。从国内湿地博物馆的发展和运营看，不是所有博物馆的运行都蒸蒸日上，这条新路的发展是曲折的，部分博物馆逐渐出现问题。例如北京野鸭湖湿地博物馆，其位于北京市延庆县野鸭湖国家湿地公园内，是华北地区最早的湿地博物馆。但是这座占地面积 6 660 多 m^2、俯瞰似凌空飞鸟和树叶的博物馆，目前鲜少对外开放。停修原因可能是多方面的，但笔者通过实地考察，发现博物馆从展示空间环境到展品、展项等方面都存在问题，如展览图片的陈列形式及色彩问题、空间与人流关系问题、基本照明问题等等。如何营造一个现代的湿地博物馆，还原湿地真实性，通过展览形式充分表现主题意境，需要把握几点原则：

1. 湿地博物馆的氛围营造要紧扣主题，服务主题，表现主题。

2. 造势要以氛围为主，内容为次，虽然展品为展示主体，但脱离氛围环境下的展品不但不能引起观者注意，还可能会破坏整个展厅的氛围，影响展示效果，事倍功半。

3. 不管是大到空间设计还是小到某一展品陈列展示，都要充分展示其内涵和实现湿地主题氛围的再现。当展品本身具有足够的信息特征和艺术性，还原和再现展品其湿地氛围就容易被表现出来，但表面信息不足以展示其内涵的展品，就要充分利用声、光、色等因素的配合，综合演绎，才能表达其氛围效果。设计师在造势设计时要充分考虑这些原则并以此检验最终的设计效果。

四、湿地博物馆展示环境心理

环境心理学是一门涉及多学科的交叉领域，它从心理学的角度探讨在一定环境中人的行为及其与环境的关系，立足人本身，从心理上分析行为的起因与特点，正是博物馆学“以人为本”新思想的着力点，造势上力求达到人与环境最优的理论指导。

感觉是人认知世界、感知世界的基本方式。环境即周围的情况，这种“情况”和它带有的氛围带给人刺激，引发人的感知体验。人通过视觉、听觉、触觉、嗅觉和味觉完成对周围世界的感知，感知形成对人的刺激并传到中枢神经，大脑给出相应的反应——对刺激的感觉。合理利用人的各种感觉和感觉特性，在满足基本功能的前提下，营造展示背后所蕴藏的文化积淀和精神诉求的氛围，用带有浓郁特色的形式冲击人的心理，留下第一印象，进而传递博物馆展示的内容和理念。知觉是人脑对直接作用于感觉器官的客观事物的各个部分和属性的整体的反应。知觉不仅局限于事物的个别属性，而是对事物整体的反映。人的知觉和知觉特性有很多种类，我们阐述与主题密切相关的几种知觉：首先参观者由博物馆外部进入内部，对展厅空间布局和展示内容的形状、大小、深度和方位的空间特性的知觉，即空间知觉；其次时间知觉和运动知觉都是围绕参观路线展开的，前者是按参观顺序对展品延续性的反映，后者是在游览过程中对展品参观速度的能动反映。

从感觉到形成知觉的过程称为认知，认知是包含感觉与知觉的复杂系统，环境刺激通过中枢神经传递到大脑，大脑皮层运用已有的认知结构选择相应的行为应激。可见，认知结构对人行为活动的指导作用。

湿地博物馆的主要功能之一是教育，把人们对展示内容的感觉变为知觉，各感官刺激在头脑中得到延续，加深印象，形成博物馆想要展示的内容系统，教育功能才发生意义。人们的认知结构是设计师进行展品陈列设计、参观路线设计和展厅环境设计之前要考虑的必要因素，在湿地博物馆的展示设计中，要充分融入湿地景观的特色，把湿地对人的刺激最大化，营造特有氛围，引起人们共鸣，留下精神印象。

人处于某一环境中，行为与环境相互作用，人可以改变环境，但人的思想和行为也可以被环境影响。人通过各个感官感受环境，环境中的色彩、温度、声音、照明等都是带给人感官刺激的环境因素。如何处理这些环境因素营造湿地博物馆的氛围，才能满足观者的心理需求和感受，是设计师进行规划与设计应充分考虑的问题。

湿地是一种自然景观，离开原本辽阔的生存环境与背景，湿地某一物种的单品展示难以被观者做深刻理解。如把湿地的主要动物作为单品展示时，观者可以通过视觉知道动物的体态和外貌，但是却不能够了解在湿地中它如何生活，包括它的叫声、如何觅食、如何选择筑巢的地点等等，这样的展示仅限于满足观者的感觉，远不足以形成知觉，更不能够谈及认知，观者心理感受得不到满足，教育功能大大降低。在湿地博物馆展示中，利用展品还原其生存环境，营造自然之势，满足观者求知欲望的同时，刺激观者的各个感官，才能抓住其心理感受。

五、结语

在湿地博物馆生态、人与自然造势中，无论是大到整个展示空间的布局还是小到休息区的座椅位置，都要从环境与人的关系考虑诸多心理因素，不仅要考虑空间位置关系，更要以人为本考虑其与人之间的必然联系，展品被观者所看、所感才有其实际意义。目前，随着科技进步，湿地博物馆依托湿地景观在造势上已逐渐进步，但依然存在漏洞，如对情景再现的处理，想法可圈可点，但手法拙劣，把几只不同形态的动物和植物模具摆放，对观者并不具有太多的吸引力，毕竟，这种"哑"的情景并不比实际容易看到的湿地景观更生动，这种处理手法就没有从人的感官入手抓住人的心理感受与需求。

另外，就人的空间行为而言，不管是展厅空间布局、参观流线设计、博物馆主题色彩规划等，都应充分考虑人的心理需求。空间过大易有空乏之感，过小易有紧张感；流线设计若不考虑人的行走习惯，过长易疲劳，过短易造成拥堵；色彩对人的视觉刺激不同也会产生不同的心理感受。造势设计也应从人本思想出发，以环境心理学为指导，把满足人的生理和心理需求放在首要位置，充分从人的视角营造寓情于景的空间尺度、次序和氛围。

人的基本需求在于体验其生活情境是富有意义的，艺术作品的目的则在于"保存"并传达意义。从人本思想看，博物馆建筑、内部展示、周边湿地自然环境等都是可以造势的艺术品，其主要目的是保存和传达湿地文化与湿地价值。通过对氛围合理地把握和控制，沉淀湿地价值，升华湿地文化，从内部展示空间—博物馆建筑主体—周边自然景观一体化的设计和考究中，营造出能引人入胜的湿地场所精神，形成特定的艺术和地域文化，唤起参观者对此地的认同感和归属感，加深记忆印象和心理感受，最终在博物馆中实现生态、人与自然和谐的教育环境。

作者参与湿地保护创作

作者主持湿地博物馆方案讨论会

参考文献

[1] 吕杰锋,陈建新,徐进波,人机工程学,清华大学出版社,2009
[2] 俞国良,等.环境心理学[M].北京:人民教育出版社,2000.
[3] 诺伯舒兹.场所精神:迈向建筑现象学[M].武汉:华中科技大学出版社,2010.
[4] 常怀生.环境心理学与室内设计[M].北京:中国建筑工业出版社,2000.
[5] 赵学敏.湿地:人与自然和谐共存的家园[M].北京:中国林业出版社,2005年.
[6] 何池全.湿地植物生态过程理论及其应用[M].上海:上海科学技术出版社,2003年.
[7] 郎惠卿.中国湿地研究和保护[M].上海:华东师范大学出版社,1998年.
[8] 迈克尔·H·奥格登.湿地与景观[M].北京:中国林业出版社,2005年.

论自然博物馆的发展现状与未来使命

王 盛
（浙江省宁海县海洋生物博物馆）

【摘 要】博物馆是一个城市现代文明的象征，也是一个城市科学及文化水准的重要评量指标之一。随着社会文化和科技的进步，人们对自然科学科普教育的需求也是日益增加，而自然博物馆在为人们提供了更多实物知识的同时，也基本都存在一些问题，例如陈列无变化、缺少发展资金等。作为可持续发展的自然博物馆，充满生机、活力，具有创新、创意和特色，是必不可少的。

【关键词】自然博物馆 科普教育 发展现状 可持续发展

博物馆是一种对于历史文物、自然标本和其他实物资料进行收藏保管、陈列宣传和科学研究的机构。以实物为基础，采用形象化方法，向人们进行爱国主义教育，传播科学文化知识，陶冶艺术审美情操。博物馆是一个城市现代文明的象征，也是一个城市科学及文化水准的重要评量指标之一。随着社会文化和科技的进步与发展，以及人们对自然科学科普教育的需求日益增加，自然博物馆的现状及所面临的各种问题更加受到关注和重视。

一、自然科学博物馆的定义及分类

自然科学博物馆是以自然界和人类认识、保护和改造自然为内容的博物馆。自然科学博物馆又可分为自然博物馆和科学技术博物馆。

自然博物馆又称自然历史博物馆，是在“地理大发现”刺激下，对自然标本进行采集、收藏和研究的产物，其藏品的数量、种类与系统性曾被作为衡量博物馆实力最主要的指标。由于我国自然科学滞后于西方，自然博物馆起步更晚，因此即使是历史稍久的几个综合性自然博物馆，也都存在藏品不丰的普遍问题。

自然博物馆又可分为三类：

(一)一般性的自然博物馆，如各地自然博物馆。

(二)专门性的自然博物馆，如天文、地质、生物等。

(三)园囿性的自然博物馆，如动物园、植物园、水族馆(海洋馆)、自然保护区等。

二、自然博物馆的发展现状

随着中国社会经济的快速发展，博物馆事业也步入了数量快速增长、影响力日益增强、公共服务能力不断提升，法制化进程逐步加快的新阶段。

1. 数量增长快。自 1905 年张謇创建中国第一所博物馆——南通博物苑和 1912 年成立北京古物陈列所，到 1949 年新中国建立前夕，近半个世纪全中国博物馆仅保留 21 所。1980 年之前，我国独立建制的自然科学场馆不到 30 家。2010 年已有 1 089 家，至 2013 年，我国的综合类博物馆 1 743 家，历史纪念类博物馆 1 840 家，艺术类 411 家，自然科学类 196 家，专题类(含其他)320 家，到了 2014 年，全国博物馆总数达到了 4 510 家。[1]但总体来说，自然科学类博物馆数量在全国博物馆总数中所占比例依旧不大。

2. 发展速度快。进入 21 世纪以后，中国博物馆开始进入迅猛发展时期，各类博物馆，包括民办博物馆数量激增，博物馆建设高速发展，同样的，自然类博物馆也开始进入快速发展时期。中国每年新建、改扩建的大中型博物馆均在 80 座左右。博物馆发展生机勃勃，取得了良好的社会效益和经济效益，为我国的社会主义物质文明、精神文明、政治文明、社会文明建设发挥了资政育人的重要作用。近 10 年来，由于社会飞速发展，国家总体经济实力明显增强，落实科学发展观和全民科学素质行动计划纲要以及公众精神文化迫切需要，全国自然博物馆建设方兴未艾。[2]

3. 区域分布情况。自然博物馆分布不均衡，在经济发展相对迅速的东部分布多，经济相对落后的西部分布少。青藏高原自然博物馆、西藏自治区自然科学博物馆的建立才填补了青藏高原地区无省级自然博物馆的空白，稍稍改善了西部地区博物馆分布的现状。[3]

4.理念与现状。(1)"以人为本"为理念，人与物相结合，人与自然和谐共存。(2)内容网络化、信息化、数据化、多媒体教学。(3)展品展示形式多样化。(4)博物馆工作岗位资格化。(5)公众参与度提高，志愿者数量增多。

5.展示现状。随着博物馆产业的迅猛发展，各类自然博物馆也如雨后春笋般冒出。我国自然资源总量相对来说较为丰富，但人均少，利用率低，而且浪费相当严重。自然博物馆的各类生态知识普及，在为人们提供知识的同时，也推动了人们对生态文明的认知。自然界的神奇也能在自然博物馆所展出的藏品中深刻而又生动地展现。

目前，自然博物馆基本上都是以"人与自然"为主题，讲求人与自然的和谐生存与发展。在社会各界关注下，自然博物馆的外观得到改善，展示方式得到创新，陈列内容得到拓展。资金投入比例与场馆选择、建设、布置，周边环境和展示技术现代化程度成正比，出现了极端化发展。场馆在城市中心或著名风景旅游区的，人流量大，但也对博物馆的讲解系统、展品维护等带来压力；场馆在郊区的，人流量少，基本靠节假日带来人流。中大型自然博物馆，储备资金相对丰厚，场馆展厅面积大，空间展示辅以先进的科技手段，藏品丰富，馆际交流合作较多。而中小型自然博物馆(包括民办自然类博物馆在内)，要么藏品丰富，数目大，但缺乏资金；要么展品稀稀疏疏，但场馆及背景过度装修等。

以宁海县海洋生物博物馆为例(以下简称宁海海博馆)，宁海海博馆是民营公助性质的自然类博物馆，也是专业的海洋生物标本收藏馆。建筑面积2 100m^2，展厅面积1 250m^2，收藏有3 000余件的海洋生物标本，包括海洋生物化石、珊瑚类、贝壳类、爬行类、鱼类、藻类、甲壳类的普通标本和部分难得一见的精品。场馆内部装修通过仿造海底礁崖和灯光，模拟出海底世界，令参观者耳目一新。但尽管尽量合理地应用了展示空间，还是显得陈列相当拥挤，展品不够突出，游客参观宁海海博馆后，表示肯定的同时，也提出了类似意见，对单独陈列的展品印象更为深刻。由于宁海海博馆设立在海岸边，此处虽然属于宁海湾旅游景区，但由于还没完全开发又地处交通尽头，除节假日外，人流量相对较少。另外，由于空气咸湿，场馆通风不良，对标本的维护要求也就更加严格。

在当今市场经济条件下，教育取向有着多元化的趋势。自然博物馆作为进行爱国主义教育和科普教育、传承自然、传播生态文明和科学文化的场所尽管是必要的，但并不是人们唯一的选择。人们日益增长的文化需求使较为传统的自然博物馆面临着更严峻的考验。

6. 自然博物馆所存在的问题。尽管中国自然博物馆发展快速、成长态势较好，然而对比国外的自然博物馆，我国的自然博物馆在数量、规模、类型和功能等方面都存在相当大的差距。与其他类型的博物馆相比，不仅数量偏少，而且规模也不占优势，很难满足日益增长的社会需求。

国家对自然博物馆的关注和重视相对薄弱，没有统一的行业指导，缺乏整体规划，管理部门包括文化局、文物局、民政局、海洋局、林业局等等，较为混乱，没有统一的主管部门，无法进行干净利落的对应管理。

观众素质良莠不齐，在人流量较多的时候，喧哗、吵闹、推挤，不仅自身具有安全隐患，而且给博物馆的管理造成了巨大的压力。自然标本每一件都是不同的，也就具有唯一性，遭到人为破坏后，几乎难以修复甚至根本无法修复，给博物馆造成了很大的损失和遗憾。

博物馆宣传力度不够，宣传面不够广，社会资源利用率低，不能让更多的人享受到自然资源。博物馆的几大功能，尤其是教育功能没有得到很好的发挥。公众参观率低，受教育面小。

自然博物馆的藏品基本以标本为主，而这些标本大多都是自然界天然存在的，除部分爱好者或好学者外，大部分人在参观后满足了好奇心，就很难再提起兴致。长期以来，博物馆在我国的精神文明建设中，对广大的人民群众和青少年的教育发挥着十分重要的作用。但随着教学方式的多元化和网络的普及，博物馆在新的形势和机遇面前面临着新的挑战。例如：观念陈旧，思路不宽，工作方式不灵活，眼光越来越挑剔的社会大众开始对博物馆呆板陈旧的展览失去兴趣，对空洞乏味的说教失去耐心，观众也就越来越少。因此博物馆必须做到与时俱进，改变自身现状，挖掘更多的潜力，才能吸引更多的关注。

三、自然博物馆的未来发展与使命

博物馆应该是一个不追求营利的、为社会和社会发展服务的、向公众开放的永久性机构。搜集、保存、研究、教育和欣赏是博物馆最终希望达到的目的。[4]新型的发展中的自然博物馆应该是集收藏、研究、陈列、教育、公益等职能于一体的多功能社会机构。自然博物馆，保存下了自然界生物进化的"脚印"，在提升和挑战自身能力的同时，应当实现保护文物、传承历史、传播知识、教育公众、服务社会的功能，研究新时代的发展形势与发展策略，将知识与更多更广泛的社会大众共享，加强主题策划，发挥更大的社会教育作用。

我国的自然博物馆与国际上的同类博物馆相比差距较大，可以借助社会力量，加大藏品征集力度，加强与国内外学者的沟通，增加有质量的馆际交流活动，开发研究藏品内涵与意义。自然博物馆的展览及临时展览必须弘扬社会主义核心价值观，将生态文明与经济社会发展相结合，强调自然资源的可持续发展的重要性。

博物馆在致力于社会的可持续发展同时也必须注重本身的可持续发展。

1. 博物馆需有独立的学术研究。博物馆需根据自身的发展历史进行归纳和总结，去芜存菁，保存对发展有益的经验和教训，对管理、开放、陈列、展览、布局、资金等问题，进行统一的规范研究；对目前存在的瓶颈开展调研、统计、分析，提出可行的措施和方案；对未来发展提出具有建设性的报告，使博物馆能稳步发展和壮大。

对馆藏藏品进行规范和整理，可作专业的学术研究，与社会各界加强学术研究交流。

2. 场馆建设体现绿色生态概念。场馆的选址、建设需符合生态环境，以不破坏生态环境为前提，尽量与自然环境相结合，体现绿色生态概念，提倡节约能源、节省资源、保护环境，杜绝过度包装、过度装修，利于可持续发展，与"人与自然和谐"的理念相契合。

3. 利用现代化技术进行展品展示。自然博物馆在展示自然标本时，可有效利用现代化的声音、光线、色彩、三维、视频、表演、网络技术等的巧妙结合来增加展览的形象性、直观性、趣味性，使观众更容易接受，甚至参与体验。

4. 加强博物馆纪念品开发，推动旅游业发展。到一个地方旅游、参观，为亲朋好友带一件令人满意的精美的纪念品或纪念册，或仅仅给自己留个念想，都是大众所认可的。与博物馆藏品特色相关的特殊纪念品，如果设计精巧新颖，必将会吸引无数的观众和提高购买力，可以进一步为博物馆带来可观的经济效益和社会效益。

博物馆设立在风景旅游区，规划在旅游路线内，不仅丰富了旅游景点，而且为青少年提供了一个学习场所，在旅游观光过程中，既能开眼界，又能学到知识，令许多家长觉得不虚此行。更多的“驴友”及家长都开始意识到保护生态环境的重要性，而生态旅游也将渐渐成为旅游业发展的重点。

5. 增加与青少年群体的互动。博物馆的工作，是属于精神文化层面和教育层面的工作。自然科学博物馆利用现有资源对青少年群体进行爱国主义教育，启发青少年的创新能力，关心青少年的成长，对青少年进行思想文化教育。因此，要与学校及教育中心合作，针对青少年的特点，配合学校教育，开展行之有效的社会教育活动。

6. 建立数字化博物馆。自然博物馆不应该只是藏品存放的仓库，还应该有自己的数字化信息资料库。传统实体博物馆因观念、技术、场地、展陈能力限制，以及出于对文物保护的考虑，所展示的文物信息量往往不足，大量藏品没有展出机会，而且在时间、空间、展示形式上也受到诸多局限，制约了博物馆社会教育和文化传播的功能。为此，数字博物馆应运而生。数字化博物馆是建立在国际互联网络基础上实现博物馆职能的陈列、保管、宣教、科础上的“网上博物馆”，亦称之为“无墙博物馆”。[5]网络已经成了博物馆走向社会，服务群众的重要途径。我们应该研究如何能更好地利用互联网、微信、微博等新的信息传播手段，为大众提供信息服务，推动博物馆事业发展，应该在博物馆自身网站建设上加大开发力度。

数字化博物馆的应用，使观众面对的不再是一个个冰冷的展柜，而是通过数字化技术、3D 网络技术等虚拟出一个真实的世界，使人们能亲眼看到生命的演化、自然界的发展等等。

7. 配套资料查询系统。自然博物馆所收藏的藏品以自然标本为主，可以建立一个分门别类的资料库。这一点在我国台湾和国外发展已久，资料也比较系统、详细，但在我们大陆，在已有的对群众开放的学习资料中，大多都是网络传播的，五花八门，含有大量错误的内容，书籍内容更新少，缺少专业的、可供学习研究的资料。博物馆可设立一个专门的资料查询系统，提供跟博物馆藏品相关的知识信息。

8. 保障展品安全。采用安防计算机系统，保障藏品的安全。通过安装楼宇自控系统、警报系统来进行监控却又不会影响到博物馆的宁静。同时将藏品信息数字化,实行有效的藏品出入库记录,进行实时监控,尽量减少人为破坏。

四、总结

自然博物馆是社会可持续发展的文化推动力,随着社会经济和精神文明的进步和发展,在实行收集、研究、教育、传承等使命的同时,自身也有着翻天覆地的变化。虽然受各种条件影响,在发展同时又受到了各种制约,但仍旧秉持着"人与自然和谐"的理念,不断地提醒人们保护生态环境的重要性,生态文明是全人类最大的课题。

在新的形势下,自然博物馆也将随着时代的步伐,进一步进行改革,吸引人们的目光,给人们带来新的惊喜。

参考文献

[1] 励小捷. 让博物馆成为社会可持续发展的重要支撑[EB/OL]. (2015-5-18)// http://www. ce. cn/culture/gd/201505/18/t20150518 _ 5394158. shtml.

[2] 孟庆金,杨德礼. 中国大陆地区自然博物馆现状与发展趋势[J]. 中国博物馆,2009(01).

[3] 葛琳,侯江,李庆奎. 中国自然博物馆现状与发展趋势[J]. 大众文艺,2011(19).

[4] 雷学刚,温相君. 关于博物馆可持续发展的对策思考[DB/OL]. http://www. hongyan. info/gb/news_detail. asp? id=4557&page=1.

[5] 孟中元. 对数字化博物馆的认识与思考[J]. 中国博物馆,2000(2).

浅谈湿地博物馆在推动社会可持续发展中的重要使命

孙迎光　刘广辉　高文仲
（康平县卧龙湖生态区管理局）

【摘　要】湿地是自然界最富有生物多样性的生态景观和人类最重要的生存环境之一，与人类的生存、繁衍、发展息息相关。湿地的保护和合理开发利用的是生态文明建设的重要内容，关系地区的生态安全和经济社会的可持续发展。湿地博物馆的建设是辽宁省康平县卧龙湖湿地恢复与生物多样性保护工程的主要建设内容之一。基于优越的地理位置、秀美的自然风景及众多的游客等优势条件，湿地博物馆以卧龙湖湿地为主题，集收藏、展示、教育、宣传、娱乐于一体，使当地民众和游客更好地了解湿地、走进湿地、认识湿地，从而普及湿地知识，激发公众爱护湿地、保护湿地的积极性和主动性，使其在促进康平社会可持续发展方面发挥应有的作用，最终实现人类社会的和谐发展。

【关键词】湿地博物馆　卧龙湖　可持续发展

湿地是分布于陆生生态系统和水生生态系统之间具有独特水文、土壤、植被与生物特征的生态系统，是自然界最富有生物多样性的生态景观和人类最重要的生存环境之一。湿地与人类的生存、繁衍、发展息息相关，具有非常重要的生态功能，在抵御洪水、减缓径流、蓄积洪水、防备干旱、降解污染、调节气候、美化环境和维护区域生态平衡等方面具有不可替代的作用，被誉为“地球之肾”和物种的基因库。湿地与森林、海洋一起并列为全球三大生态系统。湿地是众多野生动物，特别是珍稀水禽的停歇、繁殖和越冬地；也是许多珍稀植物的繁衍地，被人们称为“鸟类的乐园”和“生命的摇篮”。人类在发展文明、创造财富的同时也在改造着大自然，过度的开发和利用使湿地资源受到严重的破坏，湿地类型和面积在不断减少，生物多样性严重丧失，湿地生产力和环境净化功能日趋下降。随着人类对湿地生态功能认识的不断深入，社会越来越重视对湿地环境承载力、湿地生态服务功能以及湿地产业综合效益评估等方面的关注。

完整、健康的湿地生态系统是国家生态安全体系的重要组成部分。因此，保护湿地对于维护生态平衡、生物多样性，实现人与自然和谐，促进经济社会可持续发展都具有十分重要的意义。湿地的保护和合理开发利用是生态文明建设的重要内容，关系到地区的生态安全和经济社会的可持续发展。湿地自然保护区、湿地生态恢复和生物多样性保护工程都是我国政府保护湿地和可持续利用湿地的重要举措。

卧龙湖自然保护区位于辽宁省北部的康平县中部，紧邻康平县县城的西边。处于内蒙古科尔沁沙地南缘，辽河上游西岸，属沈阳市辖区，距离沈阳市120km。卧龙湖湿地东西长约17km，南北宽约16km，水域总面积67km^2。卧龙湖形成于中生代晚期白垩纪，距今有300万年历史，是辽宁省最大的内陆天然湿地。它处于半湿润与半干旱气候、森林与草原植被过渡带，属典型农牧交错区，生态区位极为重要，为我国一级生态敏感带。卧龙湖保护区的建设和发展，对调节辽北气候、补充地下水、维护该地区生态平衡起着重要作用，是阻止科尔沁沙地向南扩张的重要屏障。卧龙湖流域总面积为1 592.7km^2，总库容量0.96亿m^3，常年水面在60km^{2}左右，具有典型的北方平原内陆湖泊湿地特点，是我国北方沙地边缘保存相对较好的一个淡水湖泊湿地生态系统，草甸、沼泽、滩涂、水面等生境类型丰富。卧龙湖湿地生态系统比较完整，具有丰富的生物多样性，生物物种达828余种之多，其中国家二级保护植物2种，被列为国家一、二级重点保护的鸟类就达24种，是辽宁省重要的生物多样性保护地。

但长期以来，由于缺乏环保理念和湿地保护意识，当地村民在卧龙湖周边大量进行生产活动，部分滩涂已被开发成农田，并建设有大量的民房。大量的生活污水、畜禽养殖污水和农业生产面源污水，未经处理就排入湖中，造成湖水水质的恶化。卧龙湖湿地从20世纪以来由于过度地开发利用，天然植被面积和湖区湿地面积已大幅度减少，生态环境不断退化。由于长期的人类活动干预，卧龙湖水面逐渐减少，2002—2004年间，卧龙湖甚至出现湖水干枯现象。湖区土壤特性发生改变，部分地段土壤由沼泽土转变为草甸化沼泽土或草甸土，有的地段已经出现了次生盐碱化。迁徙鸟类由于生态环境的改变已经明显减少，原有的植物群落，水生动物等构成的生物多样性系统遭受到严重的破坏。

党的十八大以来，我国政府十分重视生态建设。特别是近几年来，从国家财政部、环保部、水利部、林业部等到地方政府，都投入了大量的资金到卧龙湖湿地的恢复与保护上。2012年卧龙湖生态区管理局申请利用法国开发署贷款，实施卧龙湖湿地保护项目，用于对卧龙湖的生态系统的修复和生物多样性的保护以及对公众的环保宣教，主要的建设内容是卧龙湖湿地的恢复与保护、生物多样性保护、生态旅游开发和湿地宣教工程，在其中的湿地宣教工程中，湿地博物馆的建设是一项主要内容。项目历时3年，目前进展顺利。项目中的湿地博物馆是项目的重要组成部分。

与卧龙湖项目中的其他工程建设目标和产出不同，湿地博物馆是一座集科学、历史、地理、文学、艺术等于一身的知识宝库，它通过陈列展览的形式将这些资源推出，广泛吸引公众的注意，走进公众生活、融入经济社会，最终实现人类社会的和谐发展。

今年5月18日是第39个国际博物馆日，其主题是“致力于社会可持续发展的博物馆”，借此机会，我们把建设康平卧龙湖湿地生态博物馆的理念、构思以及湿地博物馆对社会发展影响的认识，向湿地博物馆专委会提交，以期交流获益。

一、湿地博物馆建设的可行性

湿地生态文化是湿地生态保护系统的重要组成部分，是生态文化不可或缺的重要内容。湿地保护是一项社会性、公益性很强的事业，要把宣传教育作为湿地保护的一项根本性措施，常抓不懈。卧龙湖湿地博物馆，是展示湿地生态文化的重要场所，是湿地生态文化建设的重要内容。建设卧龙湖湿地博物馆，有利于加大宣传教育力度，不断提高全民湿地保护意识和湿地生态文化道德素质，更好地促进卧龙湖湿地保护工作的健康发展。建设卧龙湖湿地博物馆，具备如下良好的条件。

较强的区位优势。康平位于沈阳市北部，辽吉蒙两省一区交界处，距沈阳市110km,区域面积2 175km²,人口37万。康平环境优美,林木绿化率达43.8%,城区规划科学,基础设施完备,交通便利。长深高速公路、沈康高速公路、203国道、303省道贯穿县城。康平是辽吉蒙两省一区结合部区域中心和重要枢纽,是沈阳经济区北部腹地的重要支撑点之一,区域优势十分明显。

自然风景秀美,游客众多。夏日游湖,碧水沧天,清风扑面;春秋两季,大雁野鸭云集,起落不一,景观动人;隆冬时节,瑞雪飘飘,群山银装素裹,万亩湖面坚冰如镜,是绝好的滑冰场地。湖东岸珍珠山、天龙山临湖屹立。游船码头依山傍水,古朴典雅。泊船港面积10 000m²,龙舟造型逼真,栩栩如生,快艇轻捷,迅疾如风,铁、木机船沉稳庄重,自在飘摇。

每年一度的康平大辽文化冬捕节,再现了当年大辽皇帝率群臣在春捺钵上的祭祀大典,同时展现古老的渔猎民族在冬捕前的盛大仪式,包括祭湖醒网、采捕头鱼、头鱼拍卖等。游客乘坐马拉爬犁到捕鱼现场,观看古法捕鱼的震撼,体验"冰湖腾鱼"的激情。著名的"卧龙湖野生鳃鱼"为主要食材的8道精品美食诚邀游客品尝。

国内外来康平卧龙湖参观考察游览的游客逐年增多。据统计,仅2010年,来观光的国内外游客就有100万人次,2014年游客增加到368万人次,因此,康平卧龙湖建设湿地博物馆,有着广泛的受众群体。

二、湿地博物馆的建设理念

湿地博物馆的建设应以卧龙湖湿地为主题,集收藏、展示、教育、宣传、娱乐于一体。通过普及科学知识,展示丰富多彩的湿地及其生态系统功能、探索湿地的奥秘、剖析湿地面临的问题和威胁、介绍全球湿地保护行动,尤其是卧龙湖湿地恢复和保护的成就,向观众展示卧龙湖的湿地之美,普及湿地知识、倡导尊重自然、人与自然的和谐发展的理念。正如国际博协总干事Anne博士所说,博物馆应该积极投入到保护环境和倡导可持续发展的行列之中,引导全社会深入了解保护地球的重要性,促使社会公众不断强化保护地球的意识,逐步认识到实现更少浪费、达成更多合作的重要性。

湿地博物馆是环保和生态宣传教育的最好场所,博物馆通过自己的专业活动,引导人类清醒意识到自身行为对环境所产生的后果,强烈意识到改变经济和社会发展模式的刻不容缓，从而在倡导和推动经济、社会的可持续发展方面扮演无以替代的角色。博物馆一方面可以直接通过展览以及各种文化活动展示自然环境日益被破坏的状况，使人们认识到环境危机，加强可持续发展意识；另一方面，社会的可持续发展有赖于人的文明素质提高，而博物馆在社会文明教育方面具有潜移默化的独特作用。

三、湿地博物馆建设的宗旨

在全国上下树立和落实科学发展观、人与自然和谐渐成潮流的大背景下，湿地被越来越多的人所关注，湿地保护已成为生态建设的重要议题。卧龙湖湿地博物馆建设可以使当地民众和来此地观光的游客更好地了解湿地、走进湿地、认识湿地，从而普及湿地知识，激发公众爱护湿地、保护湿地的积极性和主动性。

卧龙湖湿地资源面广、总量大、类型多，总面积约 127 50hm^2，据不完全统计，其共孕育着 200 多种野生植物和 170 多种野生动物和鸟类。近几年来，卧龙湖在湿地保护方面开展了一些工作，例如拆除了湖边的一些民房和虾蟹池塘，部分湖区的沿岸设置了丝网围挡，部分农田进行了退耕还湿，禁止狩猎和打鸟等。但是也必须看到，湿地保护和生物多样性的保护仅仅是取得了初步的成效，大多数人们对保护湿地和生物多样性的重要性仍欠缺了解，甚至继续破坏湿地生态系统的事件仍在发生。所以大力宣传教育民众了解和保护湿地任重而道远。作为辽北湿地保护的窗口，卧龙湖湿地博物馆的建设，能更好地向人们展示中国湿地资源状况，以及国家政府和社会各界对湿地保护所开展的行动和取得的成就，进一步推动湿地保护工作的开展。

卧龙湖湿地生态资源丰富、自然景观幽雅、历史文化积淀深厚，是一个集城市湿地、农耕湿地、文化湿地于一体的湿地公园。卧龙湖建设湿地博物馆，能够为全国乃至全球搭建湿地生态研究的平台。法国著名鸟类专家札唯在康平考察期间已经发现 3 种国际濒临灭亡的鸟类——青嘴潜鸭等。同时我们可以集聚科研人才，进一步提高湿地保护和管理水平，进一步促进湿地生态的修复和保护工作。

四、湿地博物馆要面向社会，服务社会

面向社会，为广大公众提供优质公共文化服务是现代博物馆极为重视的工作，致力于社会可持续发展便是博物馆服务于社会的重要体现。湿地博物馆是很多人学习湿地知识和生物多样性知识的课堂。随着我国湿地博物馆数量的增长和服务的拓展提高，博物馆更加深入社会，贴近老百姓，与社区沟通也日益密切。在这种背景下，整个社会都参与到了博物馆的发展中来，而博物馆对于社会发展也将发挥出更加实际而全面的作用。

习近平总书记在巴黎联合国教科文组织总部发表讲话时曾指出，把跨越时空、超越国度、富有永恒魅力、具有当代价值的文化精神弘扬起来，让收藏在博物馆里的文物、陈列在广阔大地上的遗产、书写在古籍里的文字都活起来，让中华文明同世界各国人民创造的丰富多彩的文明一道，为人类提供正确的精神指引和强大的精神动力。卧龙湖湿地博物馆要立足于国家文化建设的高度，普及公众教育的广度，并且挖掘历史文化的深度。博物馆是通过展览与公众交流，展览质量决定了服务质量。对于展览来说，其必须弘扬社会主义核心价值观，弘扬中国精神，此外，要根据社会发展的动态，加强主题策划，及时调整展品，使其更有效地发挥社会作用。

五、湿地博物馆的建设是社会可持续发展的组成部分

我们知道，人类与自然构成了社会与环境。社会的可持续发展包含两个最重要的基本含义，一是人类本身的可持续发展，二是自然界、环境的可持续发展。那么湿地博物馆作为人类湿地文化的圣殿，为人类自身与自然环境的可持续发展担当着极为重要的责任，同时博物馆也是可持续发展型社会的重要组成部分。

既然湿地博物馆是社会可持续发展的组成部分，那么它应该承担的责任就是，第一，与时俱进地提升人类的知识与智慧，加深不同文明的互相了解，促进文化间的沟通与和解。利用博物馆的文化与教育属性影响社会大众，引导大众

的文化价值观念，提升人类知识的延续性与社会文明的可持续性发展。第二，展示日趋严重的自然与环境问题，唤醒人们对我们生存环境的正确认识与更深的思考。让大众通过湿地博物馆认识到我们的环境危机，从而教育影响大众要扭转环境危机，建设一个可持续发展的绿色生态型社会。

博物馆在当代中国社会中扮演着十分重要的角色，是社会可持续发展的文化驱动力之一，越来越显著地体现着社会公益，彰显着公平、公开的理念，有力地保障了最广大民众的基本文化权益。位于杭州的中国湿地博物馆的成功建设，为我们树立了很好的样板。该湿地博物馆结合实际，确立以人类社会和谐发展为目标，增强大众对湿地保护的责任感，增强社会公众的环保意识，提升城市魅力，进一步推动生态旅游的发展和繁荣，实现了社会可持续发展的预期目标。我们要借鉴它的经验，把卧龙湖湿地博物馆建好，使其在促进康平社会可持续发展方面发挥应有的作用。

博物馆致力于社会的可持续发展

张道兵

（宁国市兴宏工艺标本有限公司）

【摘 要】博物馆是人类社会发展到一定阶段的产物，是社会文明的象征。我国的博物馆事业已经取得了令人瞩目的发展成就，不仅数量增加，规模扩大，分布广泛，还形成了一定规模的博物馆体系。湿地自然博物馆就是众体系中的一颗明珠。在当下极速变革的时代，湿地博物馆对自身社会角色必须有新的认识，对博物馆的使命、功能与责任也需重新审视。湿地博物馆应如何发挥自身优势，营造一个可持续发展的社会，结合自己的经历和思考，本文总结一些看法供参考。

【关键词】可持续发展 宣传教育 创新 信息科技

一、湿地博物馆如何有效推动社会的可持续发展

湿地博物馆作为教育与文化机构，在界定和执行可持续发展战略及其实践中正扮演一个日益重要的角色。必须确保其成为维护社会可持续发展的重要文化推动力。博物馆自诞生之日起，就扮演了知识殿堂的角色，近代科学的产生、发展与博物馆有着密切的联系。进入21世纪，湿地博物馆在科学知识普及、提高全社会对自然的认识方面，起着非常重要的传播平台、教育平台的作用。可以说，它是社会可持续发展的文化驱动力之一，有力地保障了最广大民众的基本文化权益。湿地博物馆通过展览及活动的形式，提升人类的知识与智慧，加深不同文化的互相了解，促进文化间的沟通与和解。利用湿地博物馆的

文化与教育属性影响社会大众，引导大众的文化价值观念，从而提升人类知识的延续性与社会文明的可持续发展；将“社会的可持续性”延伸到观众，少年儿童是社会未来的支柱，可以利用已有的博物馆资源组织多种活动，把课堂和湿地博物馆有机结合起来，充分发挥博物馆的教育功能，实现文化知识的普及和收获。

社会对博物馆的最直接利用就是运用它的教育职能。从某种意义上来说，衡量一个博物馆的社会存在价值，在很大程度上也要以它观众数的多少作为依据，根据大量博物馆观众的调查问卷显示，走进博物馆的观众大多数是抱着增加见闻、学习新知识等提高自身文化素质的目的而来的。以人为本，以观众为上帝，这些社会服务行业所奉行的宗旨也应成为博物馆服务于社会的承诺，即牢固树立起社会服务意识，发挥自己的知识优势，以独具特色的展览满足多元化的社会文化需求，并不断开发新的主题和服务项目。充分发挥博物馆自身优势，不断开发社会需要的服务项目，如：加强与社会科学及自然科学各相关学科的沟通与协作，及时吸纳新的科研成果和信息，同时扩大在整个学术界的影响。

探索博物馆事业的可持续发展战略，博物馆自身管理模式的改革将是关系全局的一步。在新形势下博物馆事业要进一步发展，管理工作的相对滞后是一个主要矛盾，所以首先要建立适应市场经济需要、符合自身发展规律的管理机制。从宏观上，应对博物馆的综合布局、品种特色、发展方向及潜力做充分的考察和研究，对老馆的发展及新馆的建设有一个全盘的规划和打算。从博物馆自身来说，也要学习借鉴社会上其他行业的成功经验，结合自己的特点，探索新的管理模式。如可以吸收社会上有关单位的专业研究人员、大中学生及热衷于博物馆事业的人士自愿参加博物馆的陈列设计及宣传讲解工作，以适应博物馆工作突击性强、忙闲不均的特点。

二、湿地博物馆科普宣传教育作用及科教活动的创新

展览是博物馆提供公共服务的最主要最直接的部分，发挥着保护和展示文化与自然遗产、开展社会教育、提供休闲娱乐的功能，是人民群众精神文化生活中不可缺少的一部分。不论何时何地举办的任何展览，都是为了给当时当地走

进博物馆的人看的。展览的内容固然需要研究，展览的内容给谁看、为谁服务、怎样服务的更好、怎样让参观者满意、怎样让每一位参观者都获得应该获得的知识更需要引起我们的重点关注。但博物馆在一定程度上存在类别单一、发展不平衡、展览陈旧、利用不足等问题。想要解决这些问题必须充分发挥博物馆的各种社会功能。如博物馆的发展可以和旅游业充分结合起来，可以提高游客的兴趣、让他们参与、体验、互动进来。博物馆还可以邀请国内或本地专家在馆内开设公益课堂，讲解收藏、自然等领域的知识，扩大社会影响力。还可以招募具有一定相关专业知识的社会志愿者进行讲解，让博物馆真正与市民做到面对面交流。湿地博物馆应成立博物馆联盟，资源共享共同发展，互通有无，借鉴各自发展经验，共同快速进步发展，少走弯路。

提高博物馆的文化辐射力。博物馆功能的发挥，应做好两篇文章，一是把更多的公众请到博物馆，二是让博物馆走进大千世界。如何让更多人走进博物馆，如何让博物馆馆藏品被人们熟知，可以借鉴四川博物馆的流动“大篷车”活动。将展览带出博物馆，送到边远山区，送到基层百姓家门口。打造没有围墙的博物馆。

除了常规的展览活动，博物馆在日常工作开展中应格外注重与青少年的互动，可以与学校合作，开展第二课堂活动，开展各种小志愿者或有奖征文、竞赛等活动，在提高青少年的知识的同时也能更好发挥博物馆的宣教工作。博物馆要将物品转变为知识的力量，将各种物品进行有机结合或演绎，串联成生动多样的博物馆探寻之旅（如角色扮演、影像展示、互动媒体、手工参与活动等），做到让学生在摆脱课本束缚之后能够在博物馆里获得深刻的吐艳，激发出求知欲，完善其原有的知识框架。

随着社会的发展和博物馆工作的推进，博物馆的工作重心由传统的重视收藏和研究功能，逐步转向更加突出文化传播、宣传教育和休闲娱乐的功能。随着城市休闲时代的到来，以新世纪组建的家庭为单位的参观小团体成为当下博物馆观众群中的一支主力。这些家庭的父母年轻，受过良好教育，接受新鲜事物容易。博物馆需要开设出多样的亲子教育活动，让孩子能够在家长的带领下在博物馆中学会探索、学到知识、掌握技能。这些活动的开展，需要从年轻父母的心理体验出发。博物馆需要建立多渠道的信息服务网络，让父母们在出游前可以做足博物馆参观攻略，到了博物馆可以带着孩子顺利开展各项活动，等到参观活动结束后，博物馆的亲子教育活动能留给他们深刻回味，使之产生希望再次参加的憧憬。

随着老龄化社会的到来，博物馆可以大力挖掘老年观众的潜力。博物馆需要积极主动与各大社区进行沟通交流，让社区将老年活动安排到博物馆中。这样博物馆就可以不断参与到社会文化建设当中来。

三、多种展示手段在湿地博物馆中的作用

当前信息化浪潮席卷全球。在我国，远程医疗、远程教育、电子商务、生产自动化、办公自动化、虚拟现实技术等信息技术已深入社会各个角落，一场自下而上的社会变革正全面展开。信息化变革势在必行，博物馆信息化变革同样势在必行。

当我们回顾其发展历程，不难发现每一次科学技术变革所产生的社会需求必将“牵引”博物馆的发展，展示手段也从静态陈列到采用以声、光、机电技术为基础的演示型和参与型展示技术中来。展示内容的改变，手段的更新无不反映了时代的要求。

信息技术是指借助以微电子学为基础的计算机技术和电信技术的结合而形成的手段，对声音、图像、文字、数字和各种传感信号的信息进行获取、加工处理、存贮、传播和使用的能动技术。包括自动化技术、实时监控技术、计算机技术、多媒体网络技术、虚拟现实技术、卫星光纤通信技术等。

目前大多数博物馆信息技术多已过时，基本停留在二十世纪七八十年代的水平，对信息技术等高新技术前沿及最新科技动态关注不够。目前在各博物馆中所应用的电子信息技术主要有以下五类：影像放映技术、计算机多媒体技术、互联网络技术、实时控制技术和虚拟现实技术。

这里值得一提的是虚拟现实技术。该项技术使人通过传感器设备进入计算机创造的虚拟世界中，并能与虚拟世界进行视觉、听觉、触觉等方面的交流、应答及“互动”。人造的虚拟世界可成为很有效的教学手段，过去很难体验到的境况，将在虚拟世界中变成“现实”。

计算机空间里的“虚拟博物馆”是使用计算机动画技术在显示屏幕上营造出一个立体的博物馆建筑外形、内部环境及展品的技术，操作者可通过键盘或

鼠标器进入该“博物馆”，穿行于各展厅之间，参观展品。

“虚拟环境剧场”即4D影院。利用立体影像技术加上计算机动画三维技术及能使观众座椅产生震动和摇摆的机械装置，将计算机、网络技术应用于博物馆的工作管理中，建立管理信息系统。大部分博物馆官方网站都存在众多问题，如域名不完整。许多博物馆上了因特网后，没有申请自己的网络域名，这样造成参观者很难记住展馆的网址，更谈不上了解其内容了。主页信息量小，内容和形式缺乏吸引力。很多展馆的网站是通过虚拟主机的方式挂靠在电信部门下面，网站建成后很少改动，没有吸引力。部分展馆只是在网站上堆砌一些介绍文字、图片之类的内容，而不是“建设”网站。另外，虽然每个展馆网站都设有邮箱供大众通过Email进行联系，但为参观者提供多项适时交流平台的网站却甚为稀少。网页设计及网站维护方面不够。页面设计不够专业，有的太呆板、单调，给人敷衍之感；有的卖弄技巧，页面色彩、布置，使人望而生厌；有的堆积大量图片或设置太多动画，打开页面需费时甚久。栏目长期空置，没有内容，对何时才有内容网上也没有任何说明。网站长期不做更新和维护，反映的内容早已过时等等。建立展馆网站，主要是实现展馆管理系统的功能。相当于建立一个数字博物馆，以扩大展馆的吸引力和知名度。主页项目布局繁简应得当，才能突出本馆的标识(馆徽或馆名等)。

不间断地对网页进行维护，持续更新网页。可以提供适量的公共信息服务(如各种交通时刻表、订票、天气预报等)，以吸引人气，建立忠诚度。采取灵活的网站宣传策略。与兄弟单位建立链接，相互融合各自的信息动态等。总之要精心策划网站架构、准确提炼网站内容、精心设计网站版面、全力进行网站推广，全面加强网站管理。

加大信息技术的运用。这可使观众产生更直观、更生动、更强烈的感官作用，还可以表现某些传统展示技术手段所难以表现的信息，特别是蕴藏在藏品和展品背后的信息。同时，通过信息技术还可使观众具有了在展示活动中对信息传播过程的反馈与控制机制，能够更好地满足观众的信息需求。因此，应用电子信息技术的手段对于博物馆中某些内容的展教效果，是传统博物馆中单纯的实物、标本、模型陈列加图片、文字说明所无法比拟的。

面对未来城市重点发展文化休闲第三产业的需要，博物馆需要加强社会服务功能，要加强和创新博物馆以城市文化特色为主题的展示和教育活动，将信息科技运用到博物馆展示中，努力让博物馆融入教育、融入家庭、融入社区、融入游客心中。

参考文献

[1] 张子康，罗怡，李海若. 文化造城：当代博物馆与文化创意产业及城市发展[M]. 桂林：广西师范大学出版社，2011.

[2] 王国平. 城市论[M]. 北京：人民出版社，2009.

[3] 张明生. 我国省级科技馆现状与发展趋势[J]. 科技通报，2001，17(2).

湿地博物馆与中小学伙伴关系的研究应用

江苏省常州市宝盛园博物馆

【摘　要】实施素质教育是大家的共识，同时我们也应该清醒地认识到，素质教育的推进应该是多种力量的合力。学校作为教育的主阵地，应该学会向社会索要教育资源，这种索要是就是一种积极的教育资源开发。在国家高速发展，经济还不是十分富裕，教育投入有限的情况下，这种积极开发资源的行为显得尤为意义重大。

世界各国建有大量的博物馆，它们是人类文化的集中展示地，我们应该认识到，博物馆不光可以看，还可以起到教育作用。博物馆藏品丰富，以巨大的实物教育资源为依托，完全有条件成为学校教育之外的第二教育系统，为学生素质发展做出贡献。

在全国上下树立和落实科学发展观、人与自然和谐渐成潮流的大背景下，湿地被越来越多的人所关注，湿地保护已成为生态建设的重要议题。中国湿地博物馆的建设可以使更多的公众更好地了解湿地、走进湿地、认识湿地，从而普及湿地知识，激发公众爱护湿地、保护湿地的积极性和主动性。

【关键词】素质教育　博物馆　学生

一、核心概念界定

(一)湿地博物馆教育

中国湿地博物馆位于西溪国家湿地公园二期外围,天目山路与紫金港路的交叉口,建筑面积 20 200m^2,布展面积 7 800m^2,是全国首个以湿地为主题,集收藏、研究、展示、教育、娱乐于一体的国家级专业性博物馆。整个博物馆通过典型湿地的场景复原、多媒体互动和图文展示等方式展现湿地之美,普及湿地知识,从而增强观众的湿地保护意识。

(二)学生素质多元化发展

学生素质多元化发展以多元智能理论为基础,开发应用博物馆教育资源的过程对学生知识、能力、情感多方面的素质提升可以产生积极作用:促进科学的世界观、人生观、价值观的形成;培养良好的人际交往能力,增强实践操作能力;促进科学素养的提升;培养学习兴趣;丰厚学识,促进自主学习的培养。

二、国内外研究现状

(一)国外博物馆教育

很久以来,人民们仅仅是把博物馆当作展示物品的场所,自 19 世纪以来,越来越多的人认识到博物馆潜在的巨大教育功能。

有英国人说,博物馆现在已经取代了教堂在英国社会的地位,是绝大多数人一生中最重要的文化体验。事实上,博物馆在英国也被视为最重要的教育机构之一,参观博物馆历来是英国中小学教育的一个重要环节。

在日本,约自 1990 年起,已经可以见到有些博物馆开始尝试与学校合作,2002 年以后,新的教育观,以及“综合学习时间”的正式实施,促使博物馆加速调整事业方针以及业务体制，诸如如何与学校老师合作、如何针对学校儿童设计活动等，已成为博物馆事业的重要工作，也将是博物馆摸索新的教育观念和手法的起点。

日本的“综合学习时间”和我国的“综合实践课”有一定相似之处，但“综合学习时间”更加强调对学习者自主学习能力的培养。“综合学习时间”的教育，没有标准的教科书，也没有统一的教学手册。学生除了从事自然体验、义工活动等一类的体验学习活动外，还要尝试资讯收集方法，调查方法，归纳方法，报告或发表、研讨等学习活动。充分尊重学生自主学习，学生可以养成自主性，建立“学习不是被领导，而是利用自己的力量所获得的过程”的学习观。

近年来，美国博物馆学校成绩显著，发展迅速，引起了诸多教育研究者的广泛关注。美国博物馆学校是馆校合作深入的产物，它与普通学校教育相比有着自己的运行特点和优势，不仅是对学校和博物馆这两种文化机构资源的整合，更是这两种文化机构适应时代发展做出的反应。学校带着学生进入博物馆上课学习，同时也在博物馆的协助之下，在校园内设计出自己的博物馆。它是博物馆，也是学校。其对新的教学方式的探究和应用，一直走在当今美国教育改革的前沿。美国博物馆学校有四大运行特点：第一，办学特色突出，充分利用博物馆的资源；第二，结合正式教育和非正式教育的优势，以促进学生发展为目的；第三，课程设置灵活，鼓励教学方式创新；第四，鼓励架构开放；交流渠道顺畅。

这些博物馆学校在美国大量出现，不仅迎合了美国教育改革的需要，其独特的教育方式和优良的教育效果也受到了广大学生和家长的普遍欢迎，更吸引了美国教育研究者的广泛关注，2002年，美国国家科学基金会中心成立了非正式学习与学校研究中心，对博物馆学校进行了专门的立项研究。

分析认识国外的博物馆教育，我们可以发现它们都有着共同的特征，即都是普遍中小学与博物馆之间结成伙伴关系，达成共同的承诺和目标，成立常设组织来领导、协调、管理，在有效利用博物馆资源的基础上，把正式教育和非正式教育结合在一起，对教学方式进行创新，以促进学生发展。

（二）我国博物馆教育

我国历来重视博物馆建设，也注重博物馆开放工作，尤其是近年来博物馆免费开放的尝试,使得更多百姓开始走进博物馆这座"象牙塔",也有许多博物馆开始尝试为学校、学生建设专门的学习场所,开发操作项目。

首都博物馆是我国首批免费向公众开放的博物馆,2008年9月1日新学年开学之际,"北京市中小学生社会大课堂启动仪式"在首都博物馆举办。整个启动活动由启动仪式、社会大课堂第一课、新闻发布会三部分组成。启动仪式后,孩子们走进首都博物馆来上社会大课堂第一课。首都博物馆的本次活动拉开了中小学校社会大课堂的序幕,馆内独有的教育资源将向北京市中小学生敞开。

我国博物馆向学生免费开放的工作一直坚持得很好,但像首都博物馆这样开发诸多项目供学生操作实践的博物馆并不多见。在我国,学生和一般旅游参观者来到博物馆最大的区别其实就是可以享受免费参观,博物馆除参观以外,要么没有什么操作项目,要么就是有收费项目,这极大地限制了学生。由此可见,很多博物馆首要的角色是旅游资源,作为教育资源的作用相比之下显得非常有限。

我们如果仔细分析我国博物馆对社会的教育作用,就会发现我国博物馆的教育起步较晚、层次较低的特点。

第一,博物馆更多的是发挥展示功能,很多人是以参观者的姿态走进博物馆的,所得非常有限。

第二,大众对博物馆难以保持持续热情。

第三,博物馆提供的都是大众能看到的,可供人们学习选择的内容并不多。

第四,博物馆教育的策略与方法单一,针对性不强。

我国博物馆教育功能落后的现状,迫切需要专业教育力量的支持。学校的介入,可以使博物馆教育走向深入和持久,可以从教育的视角来解读文物的文化内涵,可以使丰富的传统文化更紧密地联系人们的生活。

三、选题意义

1. 我们从教育的角度,引领孩子探索湿地博物馆文化,其既是对博物馆文化的再认识,也是对湿地博物馆文化的深入了解,也用以鼓励孩子对祖国、家乡的热爱,激励孩子为建设家乡而努力学习。

2.中小学校的教育在人的成长中具有奠基作用，本课题研究，是希望通过对湿地博物馆教育功能的深入挖掘，通过湿地教育资源的深度整合，研究多种教育手段，有针对性地为孩子们提供丰富的可供选择的学习内容，培养孩子们对科学的热爱，养成发现、探究、创新的品质，促进学生素养多元化发展，培养具备终身学习意识、全面发展的具有创新意识的现代化人才。

3.中国湿地博物馆是国家林业局批复同意建设的中国唯一一座国家级的湿地博物馆，馆址位于浙江省杭州市天目山路与紫金港路交叉口的西溪天堂综合旅游集散中心中，建筑面积20200平方米。湿地博物馆不但是国家林业局对外宣传交往的一个重要窗口，更是展示中国湿地保护成果、普及湿地科普知识的重要场所，也是进入西溪国家湿地公园的导览和序厅。它的出现，不但与西溪国家湿地公园组成室内与室外、实景与虚景、历史与现代相结合的湿地生态科普科研基地，也能起到更加深入地探索湿地与人类的关系、诠释湿地的多元价值等多方面的作用。因此我们希望将湿地文化有机地融入学校文化建设中去，使湿地文化与学校文化的相互影响、相互交融、相互弥补，最后形成融学校个性、特色和区域风格文化体制。

4.湿地是具有独特功能的生态系统，与森林、海洋一起并列为全球三大生态系统，是人类重要的生存环境和自然界最富生物多样性的生态景观之一，是实现可持续发展进程中关系国家和区域生态安全的战略资源，湿地在抵御洪水、调节径流、控制污染、调节气候、美化环境等方面起到重要作用，它是陆地上的天然蓄水库，既给人类提供水和食物，又是众多水生生物的繁殖和栖息地，湿地还是人类文化和自然美景的聚集地。我国的湿地，以其广阔的面积、丰富的类型和生物多样性在全球湿地保护中处于重要地位，已经成为国际湿地和生物多样性保护的热点地区。湿地为我国社会经济发展提供了重要的物质和经济保障，同时在国土和生态安全中也发挥着其他生态系统不可替代的作用。如何充分展示湿地的类型、生物多样性、生态功能，展示湿地的演变、发展，以及湿地与人类的关系，成为湿地博物馆建设的重要任务。博物馆的发展历史悠久，类型多样且功能差异较大，目前国内建成的湿地博物馆主要有中国湿地博物馆、黄河口湿地博物馆、莫莫格湿地博物馆、宁夏沙湖湿地博物馆等，担负着湿地科普教育以及湿地科学研究等功能。中国湿地博物馆布展陈列分为序厅、湿地与人类厅、中国厅和西溪厅，以景观复原、传统图文和多媒体延伸相结合，展示湿地景观，湿地与人类的文化、生产、生活及社会发展等核心内容。

5.我们希望通过我们的研究，可以探索出适合大多数学校的馆校合作案例，在更多兄弟学校中推广，拓展教育空间。

四、研究目标

（一）丰富学校文化建设

着力于加强对学校精神文化及行为文化的建设，深入挖掘博物馆教育资源，将学校所处地域的历史文化及文化精髓与学校文化建设有机融合，创建学校发展特色。

（二）促进学生素质多元化发展

除关注学生的教育文化外，还要更多关注他们的道德品质及其他综合素质的培养，深入研究学生们的特点，结合他们的年龄、兴趣特征和成长实际，采用生动活泼的方法，充分发掘，利用丰富的学校所在地的历史文化及区域文化资源，进行传统文化和历史知识的传授。

（三）探索馆校合作的有效案例

学校要深入了解博物馆的运作方式，以教育的视角提供有效的建议，提升博物馆教育功能的质量，探索新的馆校合作案例，并努力使之具备推广性。

（四）促进区域精神文明建设

杭州中小学、湿地博物馆、湿地周围区域共处在湿地文化的氛围之中，学校教育在研究湿地文化的同时，要让湿地所在区域的文化同时成为我们的研究内容，有效整合区域教育资源，研究区域教育模式，为孩子们提供广阔的学习天地，这也将同时提升整个区域乃至城市的精神文明建设水平。

五、拟创新点

(一)理论研究

1. 开展博物馆教育现状的调查研究。搜集资料对国内外博物馆教育现状进行调查研究,比较多种成功的教育方式,探索适合本区域的有效馆内合作方式。

2. 开展博物馆教育的理论研究。在理论查新的基础上,研究总结博物馆教育与学生素质培养的经验,并在实践中得到验证。

3. 开展湿地文化内涵研究,湿地区域文化研究。以湿地文化现有资源为基础,在博物馆专家的帮助下,开展湿地文化内涵研究,通过广泛的区域活动,开展区域文化研究,将学校教育资源和湿地文化有机整合,拓展教育事业。

(二)实践操作

1. 学校与博物馆联动的制度研究。和湿地博物馆建成文明共建单位,成立专门机构,有专人负责双方联系工作,开展丰富多彩的活动,并逐步形成传统活动,建立联动制度。

2. 师资队伍建设研究。对教师进行有针对性的培训和学习,组建教师社团,倡导教师学习博物馆教育,学生素质成长等有关理论书籍,组织教师参观博物馆,现场考察湿地,请博物馆专家到学校做讲座,开展湿地文化文章创作评比活动、湿地文化手抄报评比活动等,提升教师对博物馆的认识,初步具备开展博物馆教育研究的实际操作能力。

3. 开展馆校合作活动方式。在一起创作、共同收获的前提下,学校和博物馆共同创新馆校活动。

一是在湿地文化的共同努力下,在优化常见博物馆参观活动的基础上,设计多种中小学生喜闻乐见的活动,如做一做尝试解说湿地的小解说员等,当孩子们兴致勃勃地走进博物馆,站在真实的文物前展示才华时,那种特殊的感觉是不言而喻的。

二是学校以湿地文化为背景，设计多种校园文化。比如，每学期创作的畅想湿地文化发展历史的湿地作文竞赛，丰富多彩的湿地文化活动等都能促进孩子们对家乡文化的理解，培养孩子们思考问题、解决问题的能力。

三是深入研究湿地区域文化特点，设计区域活动，比如，看老照片、经典诵读等活动，不光激励了孩子们的诵读经典、热爱经典的兴趣，还极大带动了区域对经典的热情。

六、实践性应用

校园文化是学校所具有的特定精神环境和文化氛围，从办学理念，校风教学，心理氛围，规章制度到学校的物化形态，它对学生成长发展有着潜移默化的作用。

（一）校园环境布置融入，体现湿地文化、区域文化特色。以层次分明，富于创新性的校园文化为资源，学校不断开拓"博物馆"教育资源的领域，挖掘其广阔的内容，结合学校发展情况，让它们与校园文化建设不断融合，形成环境育人的良好机制。

（二）构建"开放、探究、均衡、和谐"的学生发展评价体系。提供学生适应社会活动和参与学校管理的平台，培育孩子们的生存意识、民主意识以及参与校园管理的能力，充分发挥学生中心的作用也是实行民主化管理、人本化管理、开放式管理的需求，是构建和谐校园的重要组成部分。

（三）发展教师，铸就校园的育人精神。学校通过构建多维教师发展平台，促进教师均衡和谐发展，教师发展中心是为教师发展服务的，应虚心听取教师意见，协调学校及校外关系，及时通报教育教学信息，合理安排教师发展的各项事宜，全心全意为教师的发展而工作。

参考文献

[1] 缪丽华，蔡宙霏．中国湿地博物馆湿地景观展示特色分析[J]．北方园艺，2011(11).

[2] 缪丽华，李忠．湿地生态系统服务功能展示探讨：以中国湿地博物馆为例[J]．中国博物馆，2010(4).

青海湖国家级自然保护区管理
——“四化”建设的构想与推进

何玉邦　侯元生
（青海湖国家级自然保护区管理局）

【摘　要】生态保护科研化、科研成果科普化、科普宣教多样化、资环管理社区化“四化”建设，是近些年来青海湖国家级自然保护区管理局履行自然保护区资源保护、科学研究、科普宣教、社区共管、生态工程的职责，是在多年实践和狠抓各项工作落实中总结体会出来的管理经验。青海湖国家级自然保护区通过强有力的科技支撑，提升了青海湖自然资源和环境管理的水平。

【关键词】生态保护　科学研究　科普宣教　社区共管

一、基本情况

（一）历史沿革

青海湖自然保护区始建于1975年，1976年建立鸟岛管理站，1984年保护区管理机构由科级单位升格为县级建制，成立青海湖自然保护区鸟岛管理处。1992年保护区被列入《关于特别是作为水禽栖息地的国际重要湿地公约》名录，青海湖鸟岛成为我国第一批6个国际重要湿地之一。1997年12月其晋升为国家级自然保护区，机构名称更名为“青海青海湖国家级自然保护区管理局”。2007年青海省委、省政府对青海湖提出“统一保护、统一规划、统一管理、统一利用”的“四统一”要求，保护区管理局由原省林业厅托管给新成立的青海省青海湖景区保护利用管理局，为该局直属局。

(二)范围界限与土地权属

青海湖保护区范围以青海湖水体为中心，东至环湖东路，西至环湖西路，南至109国道，北至青藏铁路，“四至”以内总面积4 952km^2。

由于青海湖自然保护区是青海省建立的第一个自然保护区，在建站伊始，即1976年建站时，保护区只负责管护鸟岛区域的两个岛屿——小西山和海西皮岛(现分别名为蛋岛和鸬鹚岛)。加之当时两个岛屿还四周环水，其后随着湖水位下降成为半岛，两岛与陆地联结区域共761hm^2(1.14万亩)的草地、滩涂由刚察县人民政府于1995年9月发给《中华人民共和国国有土地使用证》[刚国用(95)字第02—33号]。其后，1985年鸟岛管理站升格为鸟岛管理处，青海省人民政府发布《关于加强青海湖自然保护区鸟岛管理工作的布告》，确定鸟岛管护区范围：鸟岛5 000m以内的水域；海心山、三块石两处的周围半径500m以内的地面和水域；那尕泽、泉湾至布哈河入湖口一带雏鸟觅食区和天鹅越冬区；布哈河从大桥以上5 000m至入湖口水域鳇鱼繁殖区；环湖地区其他有鸟类营巢、栖息的地段。据统计，此时的管辖面积为53 600hm^2。再后来，1997年12月国务院批准成立青海湖国家级自然保护区时，管理局管辖现有范围内的自然资源和自然环境，开展资源保护、科学研究、科普宣教、社区共管、生态旅游管理工作和实施生态工程。如图1所示。

(三)主要保护对象

青海湖保护区主要保护青海湖湖体及其环湖湿地等脆弱的高原湖泊湿地生态系统和栖息繁衍的野生动物，尤其是珍稀濒危野生动物——普氏原羚、国家一级保护动物黑颈鹤、国家二级保护动物大天鹅等。青海湖地区鸟类种类相对周边其他区域丰富，鸟类种类数占青海省鸟类总数的55%，其中候鸟种数占63.6%。据1988年调查，青海湖保护区及周边地区有鸟类164种，1994年有鸟类189种，2011年最新数据是221种，分属14目37科。

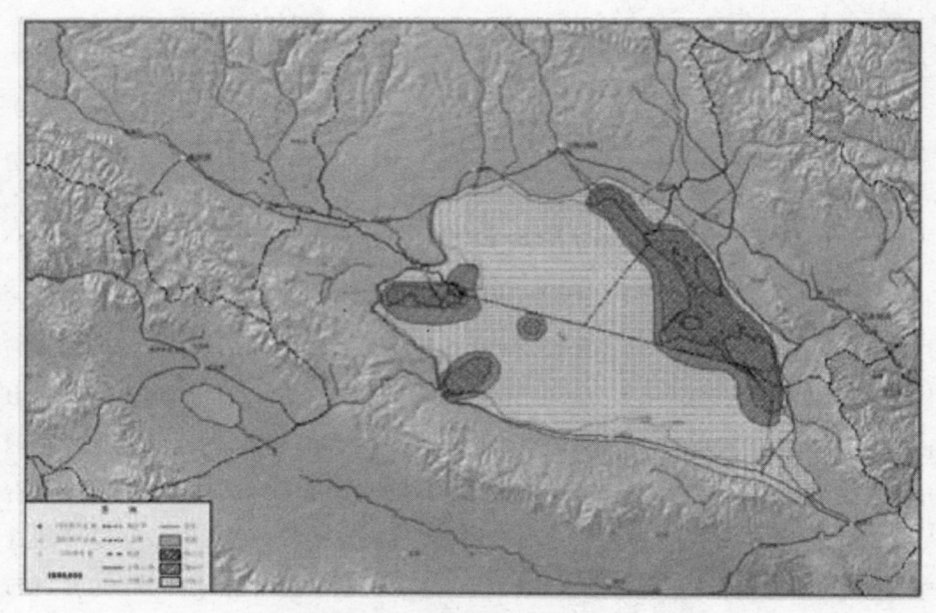

图1　青海湖国家级自然保护区功能区划图

青海湖兽类共计有42种，分属5目17科。湖区的兽类几乎占全省的三分之一，以啮齿目、食肉目、偶蹄目种类为多。其中，国家一级保护动物有5种，二级保护动物有14种。普氏原羚种群数量由原来的不足300只提高到600只，现数量已达到1 200只左右。

二、“四化”建设的构想与推进

2005年5月鸟岛区域发生野生鸟类禽流感疫情。“塞翁失马，焉知非福”，就是这场疫情拉开了青海湖保护区同中科院合作的序幕。疫情发生的当年8月份，中科院计算机网络信息中心、动物研究所、微生物研究所和武汉病毒研究所的领导、专家来青海湖考察。中科院雄厚的科技队伍和研究水平吸引着保护区，而青海湖亟待归类、分析、研究的大量资源信息也让专家学者产生了浓厚的兴趣。双方一拍即合，当年年底在省林业厅主要领导的主持下，同中科院四所达成《基于禽流感预警机制研究的合作框架协议》，四个研究所分别与青海湖保护区签署了《合作协议》；2006年7月，省林业厅提出进一步拓展在青海湖地区生物、生态、资源环境等方面的时机已经成熟,应建立长期稳定的一种合作模式,以满足国家、地方和学科研究的需求;2007 年 9 月 14 日,中科院秘书长办公会正式批准在青海湖保护区建立“中国科学院青海湖国家级自然保护区联合科研基地”,确定研究领域拓展为青海湖区域的生物、生态、资源环境,与青海湖国家级自然保护区管理局共建。按照所确定的合作方向,保护区同中科院计算机网络信息中心、动物研究所、微生物研究所、武汉病毒研究所等所围绕保护区野生鸟类视频监控系统、候鸟 GPS 跟踪系统、野外科考数据采集系统、青海湖基础数据系统、青海湖网络科普系统、野生鸟类禽流感监测预警系统、中国数字科技馆——迁徙的鸟等方面开展了广泛合作,取得了可喜的成果。由此及彼,同中科院合作的开始,也标志着青海湖“生态保护科研化、科研成果科普化、科普宣教多样化、资环管理社区化”架构已经形成,并随着合作的持续和深入正在逐步推进。

(一)生态保护科研化

1. 资源监测规范化。自保护区成立伊始,青海湖国家级自然保护区管理局就十分重视对鸟类资源的监测工作,尤其是自 2006 年之后保护区与中国科学院、中国林科所等多家科研院所合作开展的调查与研究,让保护区的监测工作更趋科学化、合理化。常规监测共计有水鸟 23 个样点,植被 38 个样地,濒危物种普氏原羚 14 个活动区 15 条监测样线,黑颈鹤 14 个监测样点。监测工作做到了“四固定、三统一”,即:固定监测频率、固定监测样点样线样地、固定监测人员、固定监测内容监测对象,统一监测统计方法、监测数据统一汇交处理、监测报告统一汇编。

2. 信息化的应用。应用在青海湖的信息技术主要有野外视频监控系统、自动化监测设备和 3S 技术应用(GPS 全球定位系统、GIS 地理信息系统、RS 遥感信息)。如图 2 所示。

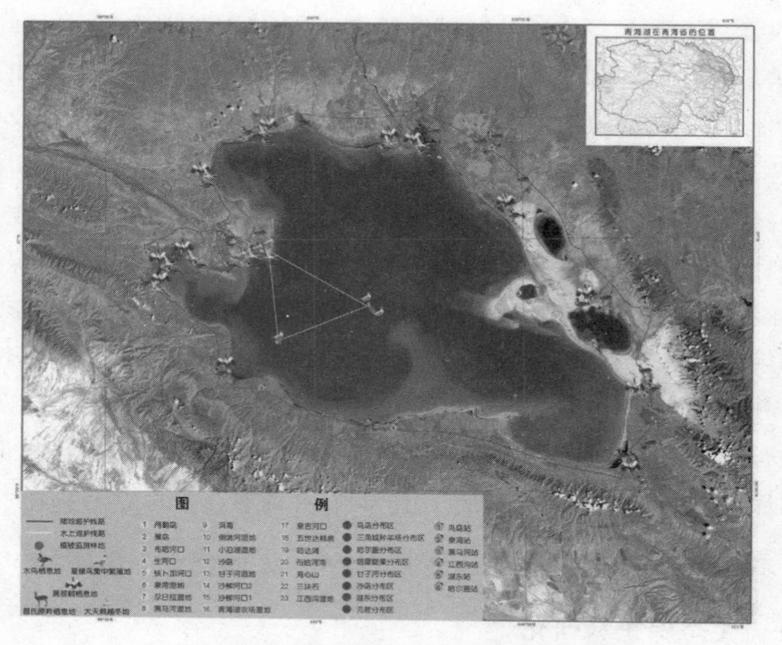

图2 保护区监测巡护及保护设施布置图

(1)野外视频监控系统。青海湖国家级自然保护区野生鸟类视频监控系统初建于2002年。初建的系统只是在蛋岛部署了一套基于工控机技术、带有4个模拟信号探头的监控系统。从2006年开始到2010年建成基于网络数字监控的节点19个,形成三级网络的视频监控系统;2011年部分数字监控节点升级为IPV6高清视频监控节点;2012年全部升级为IPV6视频监控节点。主要特点有:监控区域覆盖面积达到350hm²,野外视频监控节点达到23个,监控地点包括青海湖主要夏候鸟所有繁殖地(蛋岛、鸬鹚岛、海心山、三块石、布哈河口)和普氏原羚救护中心共计6大监控区域;网络标准大幅提升,由原来的不足百兆网络提升为千兆网络标准;监控标准全部达到高清广播级,监控系统也由单一的局域网接入广域网;网络结构更趋合理,整套系统为4层结构的网络拓扑,并设有3个主节点,3个监控节点;整套监控系统具备了极强的拓展性,监控系统内所有前端设备、网络设备、传输设备,均达到和满足IPV6协议标准。2012年还根据视频监控的需求和下一步接入互联网的要求对整套系统进行了规划整合和软硬件升级,不仅使网络的智能化得到了进一步的提升,实现了视频数据的智能获取、自主录入、自动传输,而且为接入互联网做好了完全的准备。青海湖保护区用 10 年的时间，在中科院计算机网络信息中心的技术支撑、资金支持下，使鸟类野外视频监控系统实现了由模拟、数字、高清数字的转变“三级跳”，对开展青海湖野生鸟类禽流感、鸟类行为习性观测、科普宣教三方面的研究工作提供了在同行业领先的信息化技术。与此同时，自 2012 年开始，保护区应用红外触发数码摄像技术、移动监控、红外高清监控拓宽监测区域，监控对象涉猎到濒危物种、指示性物种，并已采集了大量的视频、图像数据，用于物种监测、科研、保护、科普方面。如图 3 所示。

图 3 青海湖野外视频监控区域分布图

(2)自动化监测设备。2013 年 6 月，在“中国下一代互联网应用示范工程(CNGI)”项目和“青海湖国家级自然保护区生态系统与野生动物保护监测示范应用”的支持下，青海湖保护区与中科院计算机网络信息中心共同合作完成了青海湖地区 7 个生态系统自动定位监测站的安装与调试。这 7 个生态系统自动定位观测站依托青海湖的东、南、西、北、中 5 个方位，在蛋岛、鸬鹚岛、黑马河、哈尔盖、小泊湖、海心山、布哈河进行布设安装，按照青海湖区位优势和地貌特点，7 个生态系统自动定位监测站在生态系统上分别涵盖了青海湖的湿地、草原、荒漠半荒漠 3 个不同生态系统类型；在生态功能利用上包含保护区、牧业区、生态恢复区、旅游开发区 4 个不同类型；在野生动物类型的分布上包括青海湖濒危物种活动区域、水鸟集中繁殖地、水鸟栖息地3个类型。新建的自动定位监测站应用光伏供能，采用最新的无线传感器网络技术，通过能够在各种极端环境下使用的高精度科学传感器和自动观测记录设备对气象、土壤、水文、地表红外辐射等生态环境要素进行实时动态监测，利用GPRS和青海湖鸟类野外视频监控系统网络与青海湖科研基础数据库实现数据的无缝对接与交互传输，为青海湖科研保护提供实时、持续、高效、稳定的生态环境监测数据。这些监测数据将与保护区现已开展的鸟类监测、植被监测、濒危物种监测、湿地监测、土地利用状况监测相结合，初步形成青海湖整体生态环境监测信息化体系。通过生态系统自动定位监测站的建立，青海湖保护区将由对单一物种监测及物种多样性的监测，提升至对整体生态系统的动态与变化的自动监测，这预示着青海湖已初步建立信息化生态环境自动监测系统。如图4所示。

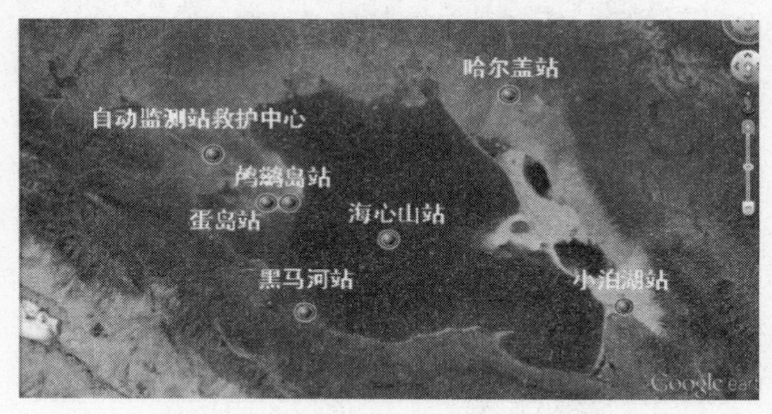

图4 生态系统自动定位监测站分布示意图

(3)3S技术应用。3S技术(GPS全球定位系统、GIS地理信息系统、RS遥感信息)信息在青海湖始用于2010年正式开展的青海湖生物多样性综合监测，采用一年一次的方式，由青海湖保护区和中科院青海湖联合科研基地共同组织实施。监测内容分别涉及鸟类资源调查、植被样地监测、重点濒危物种监测、湿地调查、青海湖土地利用状况调查、保护区界认定。其中，在湿地调查、青海湖土地利用状况调查、保护区界认定的调查中他们利用3S技术与地面实测相结合，对保护区的湿地分布、类型、面积等进行了测定，并对青海湖土地利用状况，如草场、耕地、退耕地、城镇用地、沙化土地、荒漠化土地的分布与面积等信息进行了测定，还对保护区界和面积进行认定和确认。根据2010年的监测结果显示，保护区总面积为 5 717.15km^2。其中水体 4 349.54km^2，低密度草地 385.57km^2，沙地 268.54km^2，高密度草地 186.7km^2，中密度草地 185.7km^2，湿地 159.17km^2，退耕还林地 61.25km^2，盐碱地 51.46km^2，农田 48.1km^2，裸地 17.42km^2，城镇用地 0.63km^2；青海湖湿地总面积为 4 532.26km^2，其中湖体为 4 336.23km^2，沼泽湿地 103.49km^2，湖滨湿地 44.39km^2，季节性漫滩 23.01km^2，盐碱化沼泽 9.33km^2，淡水湖泊 8.25km^2，河口湿地 7.56km^2。2011 年还根据植被样地监测结果应用 3S 技术，对青海湖的植被类型分布做出测定划分；2013 年根据实地采点情况，结合遥感技术的应用，对普氏原羚的活动区域面积进行了测定。2013 年的综调结果显示，环湖周边 14 个普氏原羚活动区域共计有普氏原羚 1 178 只，其中雄性 271 只，雌性 664 只，幼羚 243 只；黑颈鹤种群数量与分布监测共记录到黑颈鹤分布点 14 个，黑颈鹤个体 108 只。如图 5 所示。

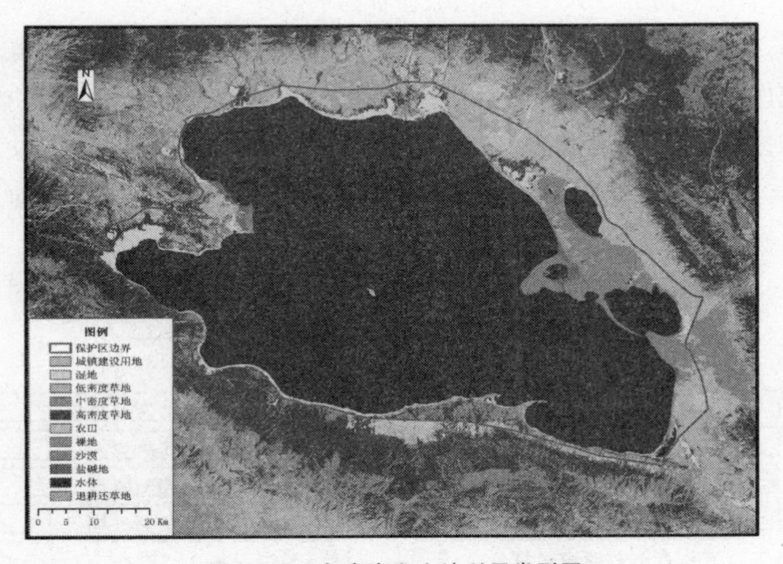

图 5　2010 年青海湖土地利用类型图

(4)中科院青海湖基础数据平台。为科学地管理和应用青海湖国家级自然保护区管理局野生动植物保护和湿地生态环境保护等重要科研、重点项目产生的科研数据，特别是促进保护区相关科学数据的积累与共享，以信息化的手段推动青海湖自然保护区科研与管理的创新和合作，中科院计算机网络信息中心联合青海湖保护区及相关院所开发了“青海湖国家级自然保护区研究基础数据库”系统(如图6所示),以发挥各所优势,实现资源互补,共建共享相关科研成果,促进相关科研创新发展。青海湖科研数据基础平台拥有丰富的数据资源。其中包括:①青海湖保护区常年在保护监测工作中所产生的调查数据:环湖水鸟栖息地调查数据,夏候鸟定点监测数据,重点濒危物种监测数据,环湖地区植被样地监测数据,样地土壤监测数据,鸟类样线调查数据。②保护区科研工作所产生的科研数据:青海湖生物物种数字化标本资料数据,GPS鸟类迁徙研究跟踪数据,鸟类环志及无线设备跟踪研究数据。③保护区所收集的视频、图片资料数据:鸟类监控系统采集的视频数据,青海湖野生动植物图片资料,青海湖生境类型图片资料,青海湖植被类型图片资料。④中科院青海湖联合科研基地各科研院所在青海湖的科研工作中所产生的科研成果和科研数据。⑤青海湖历史资料数据:青海湖的历史气象资料数据,历史水文数据,历史地理遥感数据,相关青海湖的历史文献。根据数据资源的特性,基础数据库分为5个一级主题库,进一步细分为13个子库(注:这一结构仍在不断扩展中)。其中,5个一级主题库分别为:青海湖区域本底数据库,青海湖鸟类和珍稀物种调查数据库,青海湖区域植被调查数据库,青海湖生物信息学数据库,青海湖区域文献资料数据库。该数据库整合保护区所有监测、科研、历史数据,提供数据查询、浏览、统计及数据共享服务。

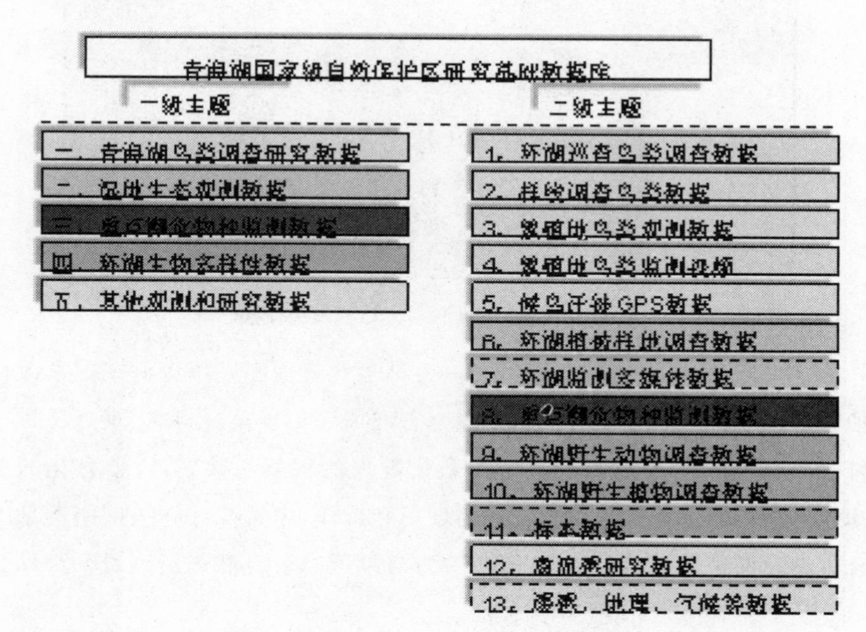

图6 青海湖国家级自然保护区研究基础数据库结构图

（二）科研成果科普化

1. 编印青海湖科研成果专题报告。保护区整理汇总近些年来开展的资源调查、监测、科研资料、数据，编印了《青海湖湿地保护与研究》《青海湖候鸟迁徙研究》《青海湖水鸟调查与监测》《青海湖植被监测》《普氏原羚科研与保护工作》《青海湖信息化建设》《青海湖国家级自然保护区社区工作》7 篇专题报告。

2. 编印青海湖自然知识读本。保护区为了加强环湖地区中小学生生态环境教育，使其从小养成关爱自然、保护生态环境的理念，培养生态文明道德观，提高生态环保意识，组织编写了藏、汉、英文本的青海湖自然知识读本《我的家乡青海湖》《青海湖水鸟》《青海湖野花》《南卡的故事——普氏原羚成长记》《正在消失的精灵——高原舞者黑颈鹤》。

3. 编辑视频版鸟类故事。编辑完成讲述渔鸥生活史的视频《贼鸥》、讲述棕头鸥生活史的《迟鸥》、讲述普通鸬鹚生活史的《墨客》、讲述斑头雁生活史的《斑头雁的故事》、讲述黑颈鹤生活史的《守鹤》和《守鹤 2》。这些视频版故事全部取材于青海湖野外视频监控系统的视频数据。

（三）科普宣教多样化

1. 传统的科普宣教。内容指定，如湿地日、爱鸟周、野生动物保护宣传日、全国科普宣传日等；形式固定，如发放宣传资料、布设展板等；效果要求，电视上见图像、报纸上见文字、电台里有声音。

2. 结合社区共管开展科普宣教。保护区在青海湖开展了以“热爱家乡，保护青海湖”为主题的科普宣教活动，旨在让青海湖周边的广大群众及中小学生从生态保护的角度了解和认识青海湖的生态环境、野生动植物和生物多样性，从而更加热爱自己的家乡和自觉保护好青海湖。保护区在总结了多年保护科研工作的基础上，以科普的形式编印了青海湖自然知识系列科普读物，以这些科普读物为载体，开展了丰富多样的科普宣传活动，现累计在环湖周边的各县中小学校和乡、村共发放科普读物 3 万册。

3. 应用媒体网络开展科普宣教。(1)利用青海湖野外视频监控系统和候鸟 GPS 跟踪数据开展的建设科普项目“迁徙的鸟”。该项目由“美丽的青海湖”“认识候鸟”“鸟岛观鸟”和“随候鸟一起飞”四个核心体验模块组成了构架清晰、科学性强、互动内容丰富的候鸟观测体验平台，既提供宏观知识体验，让用户了解青海湖候鸟迁徙和保护工作的全貌，又突出重点，着重开发了虚拟观测和跟候鸟一起飞的互动体验场景。(2)在中国科普博览开辟“拯救普氏原羚”专栏。(3)在青海湖国家级自然保护区门户网站上传图文版、电子版、视频版青海湖自然知识科普宣教作品。(4)将《守鹤》《墨客》《迟鸥》《贼鸥》《斑头雁的故事》等视频作品上传至优酷、土豆网。(5)上述视频故事还在鸟岛多功能厅向前来鸟岛参观的游客循环播放。(6)2013年在北京动物博物馆开通了鸟类视频监控实时传输，现场观看鸟岛监控画面。

4.开展全程参与全面体验式科普宣教。青海湖国家级自然保护区分别是清华大学生物系、青海大学生物系、青海师范大学生物系社会实践和实习基地，每年接收来保护区实习和进行社会实践的大学生近百人。保护区结合科研保护工作，开展了丰富的实习活动。诸如，大学生参与生物标本制作、植被调查，鸟类调查、参与科研活动、编写科普读物等。特别值得一提的是，清华大学社会实践支队自2006年参加青海湖社会实践活动以来，表现特别优秀，之前所述的全部科普读物，电子和视频作品以及青海湖科研成果汇编均为其在保护区专业人员指导下编辑而成，尤其是清华大学青海湖社会实践支队连续7年获清华大学社会实践支队“金牌”奖。

(四)资环管理社区化

1.发展和巩固协管员，协助保护区做好资源监测工作。青海湖区同其他藏区一样，环湖地区牧民有着传统的宗教理念，即“敬天惜地、呵护生灵”。通过近几年欧盟生物多样性小额增款项目的实施，保护区将一批纯朴、有责任心的牧民发展为协管员，他们当中有纯粹意义上的牧民、牧场的牧工、农场的农工、寺院的阿卡，也有尼姑庵的尼姑，经过培训，他们都能承担起各个鸟类栖息地和普氏原羚活动区的资源监测工作。其中的优秀代表诸如智华，智华为尕日拉寺阿卡，这些年来一直不间断地观测大天鹅，尤其这两年泉湾湿地水位上涨，连续两年在泉湾筑巢的黑颈鹤巢被淹，他自购材料为黑颈鹤搭巢，使得2013年的两巢黑颈鹤都孵化成功。《守鹤》视频故事讲述的就是黑颈鹤和智华的故事。

2.使生态工程项目受惠于当地群众。近些年来，国家投资在青海湖实施湿地生态恢复和治理工程，国际重要湿地生态补助项目。由于历史的原因，青海湖保护区土地权属仅为鸟岛区域的 761hm^2。这些项目的实施由保护区和当地业务主管部门协商，大部分实施在有代表性、针对性的区域，而这些区域的牧民群众恰恰又是相对贫困的人群，因此，工程项目的实施改善了项目区群众的生活质量，增加了收入。

三、下一步工作的想法

保护区的工作是一项实实在在的工作，就是常说的“抓落实”三个字。通过多年与中科院相关院所的合作，笔者愈来愈深刻地感触到保护工作离不开科研，只有科研能力得到提高，才有可能将保护区的工作做得更好。因此，必须有一个“心、点、线、面”的思路架构。“心”就是用心去谋划工作；“点”就是将谋划的工作落实下去，像下棋一样，第一个棋子要敢于走出去，然后想办法走好第二步、第三步……也就是“线”；每个“点”都落到实处了，每条“线”都走通了，那就形成了“面”，也就是说保护区的能力得到了提升。照此思路，青海湖自然资源和环境的管理水平要得到实实在在的提升，须做好如下几方面的工作：

1. 进一步密切同中科院相关院所的合作，进一步发挥中科院青海湖联合科研基地的作用，做好基础性科研工作，全面详细掌握资源环境情况和监测动态变化，为科学决策提供依据。

2. 加强科研成果科普化的进程。仅有资源是体现不了价值的，只有将资源变成数据才是真正的财富。想要使其财富由世人共享，那就必须将数据转化为看得见、摸得到的东西。目前，在数据转化科普的进程中保护区走出了第一步，需要继续走下去。

3. 重视和加强社区共管工作。青海湖保护区同全国其他省区的保护区比较，有着优势的资源，这就是藏区特有的文化。当地藏民视青海湖为心中圣湖，不动一鸟一兽一鱼，我们须将现代意义上的保护理念和传统意义上的保护理念进行融合，引导他们参与到保护中来。

4. 争取生态保护项目。通过生态项目补偿牧民，改善他们的生活质量，促进青海湖自然资源和环境的可持续发展。

参考文献

[1] 孔飞,何玉邦,张洪峰,等. 青海湖湿地鸭科鸟类群落结构[J]. 动物学杂志,2011,46(6):57-64.

[2] 张国钢,刘冬平,江红星,等. 青海湖非越冬水鸟多样性分析[J]. 林业科学,2007,43(12):101-105.

[3] 侯元生,何玉邦,星智,等. 青海湖国家级自然保护区水鸟的多样性及分布[J]. 动物分类学报,2009,34(1):184-187.

[4] 青海湖国家级自然保护区管理局,中国科学院.青海湖国家级自然保护区综合监测年度报告[R].2007—2012.

[5] 郑杰,李若凡,等.青海湖自然保护区及环湖地地区动物考察报告[R].1996.

[6] 王金一,欧阳欣,杨涛,等.中科院青海湖联合科研基地网络视频监控系统[J]. 科研信息化技术与应用,2008,1(1).

武义熟溪湿地公园生态宣教的探索和研究

鲍仕才
（浙江省武义县博物馆）

【摘　要】当前湿地公园建设和宣教工作不相匹配，我国国亟需大众深入了解湿地知识、感知湿地氛围，有效传播湿地生态文化，使人和自然和谐相处。从其规划设计和实践层面上探索研究，湿地公园宣教设计细化为生态博物馆展览宣教的范畴，将生态宣教与整体湿地保护相契合，积极推动湿地宣教与地方经济和文化发展相结合。

【关键词】湿地公园　生态宣教　探索研究

引　言

湿地、森林、海洋并称为全球三大生态系统，被誉为“生物基因库”“文明的发源地”，具有生物栖息提供地、休闲娱乐、文化科研等多项生态系统服务功能。近年来，学者对城市湿地、城市边缘湿地的生态系统教育和服务功能纷纷展开研究，但普通市民对湿地知识和湿地生态系统宣教和服务功能知之甚少。由于人类社会活动影响的加剧，湿地面临退化、萎缩和消失的威胁也日益重。我国在湿地自然保护区就教育工作做了不少探索，也取得了一些成绩，但与世界先进国家和地区相比，仍有不小的差距。人员编制不足、经费不够、宣教系统性不强、理论研究和指导缺失等，一直都是湿地保护中开展宣教工作遇到的突出问题。

2013 年，武义县以五水共治为突破口，开展“碧水蓝天”行动，整治工业企业和农业畜禽养殖污染，启动武义熟溪湿地公园创建和实施工作。目前，武义熟溪湿地公园初具规模，能满足市民和部分游客的需要，由于建设中湿地公园，其生态宣教、科研监测等设施和工作尚未落实和开展，本文从重点研究和探讨宣教方面入手。

一、武义熟溪湿地公园资源要素

（一）区块要素

武义熟溪湿地公园地处浙江省中部武义县东北部，包括武义县源口水库、熟溪河干流和武义江干流县域全段及其沿河区域，规划总面积1422平方公里。其主要区块：1.湿地保护与保育；2.湿地修复与监测；3.湿地科研与展示；4.湿地文化传承与弘扬；5.湿地管理与建设示范；6.湿地生态旅游与基础设施建设。建成"美丽武义"生态屏障与战略水源地、钱塘江流域湿地保育与湿地科普宣教基地、江南丘陵盆地"山—水—林—田—湖"生命共同体保护与保育生态廊道典范。

（二）生态要素

武义熟溪湿地公园范围内：(1)有湿地面积1 096km²，其中自然湿地面积861km²，人工湿地面积235km²；(2)有湿地植被43个群系，湿地植物126科；(3)有浮游动物11种，脊椎动物208种；(4)有"山—水—林—田—湖"江南秀丽原生态景观19处；(5)有民俗文化、古镇文化、美食文化、养生文化、后陈民主文化等6项。

（三）设施要素

2014年，先建成使用熟溪滨岸景观栖霞公园和熟水公园，履坦坛头湿地公园一期。熟溪和武义江流域城镇河道水系整治，多处城镇公园和文化设施建设。供电、无线通信、交通干道、给水等基础设施较为完善。

熟溪湿地公园生态资源丰富、生物多样性、文化景观密布、区位优势明显，如何利用湿地生态资源进行有效宣教和传播成为当前最重要工作。

二、湿地宣教新理念——生态教育

本文用生态教育概念开展湿地宣教工作，首先要明确"什么是生态教育"。国际上美国环保署指出，环境教育能够提高公众对环境问题和环境改变的知识与意识，人们通过环境教育获得人类活动对环境影响的知识，以及全面认识环境问题的技能，从而做出更加明智的决策。当今国内专家普遍概述定义生态教育(Ecological Education)是人类为了实现可持续发展和创建生态文明社会的需要，而将生态学思想、理念、原理与方法融入现代全民性教育的生态学过程。我国学者认为，目前出现的"生态德育""可持续发展教育"等概念都属于生态教育的范畴，并强调从根本上革新人们的思想观念，树立生态整体观、绿色观、和谐观。武义熟溪湿地公园在借鉴国内外生态教育优秀案例和吸取教训的基础上，根据武义生态立县、旅游富县战略，设计和探索了一套生态性、趣味性、教育性有机结合的生态教育策略。

三、湿地生态教育形式和实施策略探研

(一)生态宣教组织形式

为宣传普及湿地科学知识，提高全民的保护意识，湿地公园应配备必要的科普宣教设施，如：科普宣教中心、植物园、观鸟屋、农业宣教基地、社区湿地学校等设施进行生态宣教。宣教设施和组织形式构建是武义熟溪湿地生态教育设计实施的核心，主要有以下 4 种形式。

1. 生态观光。(1)湿地科普宣教中心，在武义熟溪湿地公园的白鹭滩宣教北侧，结合当地湿地民俗展示，设立湿地科普宣教中心，有多媒体展示中心和宣教图片展览室，通过图片、实物和影片放映，向游客展示湿地公园秀美的自然风光和文化底蕴，展示湿地的功能和重要性，逐步提高人们对湿地的认识，让更多市民和游客参与到湿地保护行列中来。(2)湿地植物园，在白鹭滩宣教区西南

侧沿河区域对土地进行适当整理改造，收集浙中区域湿生植物、挺水植物、漂浮植物种类等，保存珍稀乡土湿地植物种源多样性。同时，以栈道连接附近零星草坪浅滩，建立湿地植物志愿者认领园，开展动植物生理课、藻类学、生态学方面的现场讲解和互动活动，提高群众保护生态环境的意识。做好湿地动植物专项保护技术研究、人工生态浮床等科研项目。

2.亲子活动。(1)湿地探索绿道，遵循武义熟溪白鹭滩宣教区沿河地形地貌，利用现有道路和农田机耕路等线路，建湿地探索绿道，沿绿道设小型湿地生态环境小品、湿地科普走廊、湿地生态链展示。湿地景观水循环展示及游路、亭台、休憩设施等，以户外亲子和游客科普类教育活动，让游客、青少年较全面了解、认识湿地，从而提高人们对湿地及生态环境的保护意识。(2)观鸟屋，在湿地公园宣教展示区附近建观鸟屋。设置当地湿地鸟类图谱和文字介绍，设望远镜等观鸟设备，在更广宽的视野、更小影响鸟类的方式区观赏鸟类、了解鸟类，让人享受众禽竞鸣的燕语莺声美妙生态环境。开展鸟类辨认、鸟类摄影、绘画大赛及展览，鸟类救助讲座等活动，增加游客对湿地鸟类的认知及体验，提高游客热爱自然、保护湿地的意识。相关部门组织亲子结对活动，如“绿色湿地·彩绘温泉名城”“生态体验小行家”等，接纳更多亲子家庭参与到宣教活动中。湿地公园与中小学、高等院校等开展深入合作，以乡土课程、综合实践课、兴趣小组活动等形式进行学校生态教育，使湿地公园成为生态教育教学基地。

3.实地体验。(1)湿地农业宣教基地，“溪有水，则岁熟”，从武义万年上山文化发展至今，熟溪湿地对于两岸的湿地农业具有重要的影响和意义，同时也孕育了极具地方特色的湿地农耕文化。2015年“世界湿地日”的宣传主题便是“湿地与农业”，其口号为“湿地与农业:共同成长的伙伴”。结合熟溪农耕文化和武义发展的绿色旅游，利用熟溪上游水稻田和自然和谐的村庄农田环境，采用传统的水牛耕田、人工插秧作业方式种植水稻，使湿地稻田耕作农业生态形成良性的食物网，实现农耕与旅游以及宣教循环充分的利用。通过“劝农耕节——下田插秧体验”“丰收节”——尝新米民俗活动，引导民众深度体验熟溪湿地生态观光农业，让参观者在活动中感悟祖先留给我们的“人与自然和谐共处”的生态之路。(2)湿地植物养生园(湿地养生中心)，在湿地养生中心湖开辟湿地植物养生园，发挥湿地植物净化空气，释放植物精气的功效，重点为湿地植物健康养生项目，水生蔬菜膳食坊，自然养生课堂，设置解说牌、植物迷宫、植物养生场等内容。在生活和餐饮中共同体验宣教湿地植物防病、治疗、抑制或缓解疾病的作用，对人身心健康起保健养生的实效。

4. 主题活动。积极设计各项环保公益活动，传递人与自然和谐的生活理念。如“世界湿地日”“熟溪湿地观鸟”“生态公益之旅”等主题活动，以多种形式扩大生态教育辐射面和受众面。(1)社区湿地学校(湖头渔市)，依托武义白洋街道后陈村湖头自然村建设湿地学校，开设生态宣教、湿地知识长廊等。举办适合社区民众的讲座、展览、表演、教学等多形式活动，使社区居民能认识和了解湿地公园丰富的湿地资源和生态功能重要性，培养社区民众对湿地公园的宣传保护意识。通过对社区民众湿地合理利用新技术和生态旅游服务技能的培训，引导社区依湿地公园致富，提高他们对湿地公园的认可度和支持率，达到湿地公园的社区共建、共管目标。(2)湿地水质净化展示园，利用武义江人工湿地净化水质工程，建湿地水质净化展示图。通过体验动漫式小品，模型展示等对人工湿地知识，节约保护水资源的知识等进行生态宣教，为市民提供一个认识、了解、宣传湿地的重要场所，增强游客及民众节约水资源和保护水生态意识。在国家法定节假日策划专题活动对外开放，普通公众可以通过微博预约定期发布信息，实现熟溪湿地与公众零距离接触的常年环保互动活动常态化。

(二)生态教育实施策略探索和研究

武义熟溪湿地公园生态教育具体细化为以下 9 个方面：①湿地的概念，城市湿地、河滩湿地的特点和功能；②珍稀濒危动植物的保护和科研价值，鸟类在熟溪湿地的栖息、迁徙和越冬；③熟溪湿地污染防控和水体净化；④外来入侵动植物的种类、危害原因及防控；⑤正确应对禽流感等突发事件的机制与处理办法；⑥熟溪湿地及武义江岸循环经济发展的理念；⑦熟溪湿地、武义的地理和历史变迁；⑧熟溪湿地与周边环境的关系，保护武义境内湿地的先进人物和事迹；⑨相关法律法规和我国保护湿地采取的措施。

1. 生态教育实施策略。(1)导识策略：通过明显导向牌和隐性引导相结合进行导识。在民众易停留及观察的区域设置 100 多块导向牌和科普类宣传牌。①大型宣传牌，在杭金衢和金丽温高速公路、省道及湿地公园主入口建设大型湿地宣传牌5块，主要介绍武义熟溪湿地公园的范围、面积、生物资源及景观特色等内容。②宣传指示标牌，在湿地公园内交通要道、路口及旅游景点，设醒目的指路、解说、服务等宣传指示标牌60块，形式上突显湿地文化和特色，同时提醒民众自觉遵守有关限制和保护湿地的图文资料，提升全社会保护湿地的意识。③科普标牌、科普廊道，在湿地探索绿道、湿地水质净化展示园、湿地农业宣教基地、观鸟屋等场所设置科普宣传标牌，各区的游览道为生态科普廊道，介绍湿地形成的历史、功能以及湿地区域常见的植物、鸟类、两栖类、爬行类动物等知识，通过图文并茂的形式使游客对武义熟溪湿地公园有更深入的了解，寓教于乐。为增强湿地体验效果，观鸟屋和生态教室张贴常见鸟类的科普介绍，便于游客识鸟、观鸟和爱鸟。办公区和生态教室设置节能低碳导语，将休息座位安放在离鸟类栖息觅食地较远地段，隐性引导访客不要惊扰湿地鸟类。强化游客生态宣教在环境中的行为规范。

（2）讲解策略：从熟溪湿地上游东面至武义下游沿途接受湿地及农田相关知识宣讲队，使更多民众参与了解武义江河地理历史人文变迁，实地观鸟，观察芦苇荡植物，了解候鸟和留鸟的区别，唤起其对自然及生命的尊重意识和忧患意识。①建立解说系统：湿地公园信息全覆盖，内容新颖有趣，适时合理更新。导游员持证上岗，配备一定数量的外语导游、文化志愿者。②解说内容：湿地知识解说，传播科学知识是湿地公园建设的重要功能之一，主要表现为时刻向大众传播基础的湿地知识、环境保护和生态恢复相关的知识。区域环境解说主要指向大众介绍湿地公园所在的范围及功能区的划分，公园的自然、社会和经济环境等。湿地生态旅游解说，主要向旅游者介绍湿地公园的各类旅游设施、旅游景点和各种旅游休闲活动等。

（3）引导策略：根据游客的年龄结构、知识层次、兴趣爱好等，适当选择有趣味性、娱乐性、与生活密切相关的一些问题，如“鸟类有没有乳汁？”“你知道小白鹭越冬飞去过哪些地方吗？”等吸引游客的注意力，从植物到动物，从个体到系统，层层引导，唤醒他们对动植物的尊重，影响其生活观和价值观。采用导游讲解、游客感悟、文艺演出、图片展览、演讲比赛、征文摄影、新媒体应用等多种形式，开展湿地保护立体型引导宣传教育活动。

（4）指导策略：湿地生态教育涵盖了生物学、地理、化学、社会学、教育学等多个学科的知识，内容非常丰富。我们按人群和地域进行生态教育工作，①社区居民，熟溪湿地公园内分布有部分村庄，社区居民的环境保护意识与公园的可持续发展息息相关，社区居民是环保宣教的重要对象。组织专门人员定期到社区举办主题报告、座谈会等活动，促进双方对保护湿地公园的沟通与交流，指导当地社区居民将湿地公园发展融入生活中，共同建设绿色生态武义。②游客，这是湿地公园开展湿地旅游活动的重要参与者，也是生态宣教的重要对象。通过旅游者身临其境感受相关湿地信息，帮助其了解旅游目的地实物的性质和特点，并满足其服务、教育、娱乐等基本功能。③湿地公园职工既是湿地保护和生态旅游的经营者又是管理工作者。定期对职工进行湿地公园生态环境、濒临动植物保护以及湿地可持续利用等知识的培训，使职工科学、合理地从事保护、管理和生产经营活动。④中小学生，全程指导中小学生认识所见到的动植物和文化景观，并了解其生态特点和功能；指导中小学生分享体验心得、进行生境绘画和标本制作，湿地公园可以开辟为第二生态教育课堂。⑤声像、图片、实物等宣传资料，武义熟溪湿地公园的制作视频资料，通过媒体播放，可以提高知名度，提升公众对保护湿地的认识。制作武义熟溪湿地公园精美相册和宣传手册，全面介绍其生态环境，自然风光和湿地保护措施等，向游客和周边居民发放。⑥建立湿地公园网站，以图文并茂的方式展示武义·熟溪湿地公园形象，让浏览者了解公园主要旅游景点、管理制度、注意事项等。网站可通过“互联网＋生态宣教”的高效宣传方式宣传湿地公园形象，从而吸引更多游客参与生态宣教活动。

结　语

湿地公园是一种新兴类型的公园，因其资源的特殊性而拥有独特的功能，承担着类似一般性公园的游憩功能以及类似自然保护区的生态功能，具有生态博物馆展览宣教的职能，生态宣教功能也是保证湿地公园长足发展的重要功能。生态宣教规划设计是寻求一个湿地与人类相互理解、共同发展的过程，湿地生态宣教工作是湿地公园建设的重要内容之一，是宣传湿地功能价值、普及湿地科学知识、弘扬湿地生态文化、唤起全社会共同关注湿地、保护湿地的有效手段。浙江武义熟溪湿地公园区位重要、资源丰富、景观优美、文化深厚，是开展湿地生态宣教的绝佳场所。这是武义湿地公园建设寻找到新沸腾点，从湿地的生态宣教、湿地功能利用、湿地与旅游等方面使其成为武义县旅游体系中一大亮点，以弘扬湿地文化和地域文化为主题生态宣教旅游示范区，可以推动武义县绿色旅游新一轮发展。

参考文献

[1] 范国睿.教育生态学[M].北京：人民教育出版社，2000.